U0466184

四象限
动态智能

第二辑

畅游意识思维游乐场

[加] 玛丽莲·阿特金森　[斯洛伐克] 彼得·斯特凡尼 著
Marilyn Atkinson　　Peter Stefanyi

王莉雯 译

4Q
DYNAMIC
INTELLIGENGE
VOLUME II
Marilyn W. Atkinson with Peter Stefanyi

华夏出版社
HUAXIA PUBLISHING HOUSE

图书在版编目（CIP）数据

四象限动态智能. 第二辑/（加）玛丽莲·阿特金森（Marilyn Atkinson），（斯洛伐）彼得·斯特凡尼（Peter Stefanyi）著；王莉雯译. -- 北京：华夏出版社有限公司，2023.8

书名原文：4 Quadrant Dynamic Intelligence Volume Ⅱ

ISBN 978-7-5222-0367-6

Ⅰ. ①四… Ⅱ. ①玛… ②彼… ③王… Ⅲ. ①思维能力-能力培养 Ⅳ. ①B842.5

中国版本图书馆 CIP 数据核字(2022)第 115156 号

Dynamic Intelligence The Art and Science of Four-Quadrant Quantum Thinking by Marilyn Atkinson.

Copyright © 2018 by Exalon Publishing,LTD.

No portion of this book may be reproduced, by any process or technique, without the express consent of the publisher.

Simplified Chinese translation copyright © 2023 by Huaxia Publishing House Co.,Ltd. All rights reserved.

版权所有 翻印必究

北京市版权局著作权合同登记号：图字 01-2023-1814 号

四象限动态智能. 第二辑

作　　者	[加]玛丽莲·阿特金森　　[斯洛伐克] 彼得·斯特凡尼
译　　者	王莉雯
责任编辑	马　颖
责任印制	刘　洋
出版发行	华夏出版社有限公司
经　　销	新华书店
印　　刷	三河市少明印装有限公司
装　　订	三河市少明印装有限公司
版　　次	2023 年 8 月北京第 1 版　　2023 年 8 月北京第 1 次印刷
开　　本	710×1000　1/16 开
印　　张	14.75
字　　数	221 千字
定　　价	69.80 元

华夏出版社有限公司 地址：北京市东直门外香河园北里 4 号　邮编：100028
　　　　　　　　　　　　　网址：www.hxph.com.cn　　电话：（010）64663331（转）

若发现本版图书有印装质量问题，请与我社营销中心联系调换。

内容提要

四象限动态智能：一种思维探索的方法

我们通过运用四象限来了解内在的创造力系统。我们探索的是，人类意识作为一个生长、改变与学习的整体，其本质之演化。让意识抽离于思维系统之外，我们用手描画这个创造力系统；让意识投入于思维系统之内，我们用心感受其内在的涌动。在这个过程中，四象限可为我们提供帮助。

四象限思维的根基，一直都是整体系统觉察。我们用四象限来定义整体系统的自然属性，我们探索自身的意识动态，也就是我们脑中接连不断的想法——这是我们的"思维游乐场"。我们也会探寻，人类潜能的波段如何作为一个整体持续发展。开放式问题、深切的好奇心与对所感所得保持感激的意愿，都有利于四象限思维的塑造。

当我们好奇地向内发问时，我们就会注意到，作为接收系统的思维如何在四个关键领域接收信息。这四个关键区域分别是身体象限、情感—关系象限、意图象限、意义象限。我们将在这些自然生发的觉察中，找到其内容、结构、流程和内在的形式或流动。当我们问出开放式问题时，我们就会接收到新的想法——想法的闪现非常迅速，往往是"灵光一现"。出于多种考虑，我们把这些想法的闪现称为"想法的动态"。我们将在第一辑第一部分和第二部分中学习基本实践。

在第一辑和第二辑两本书中，你将发现发展自身思维的新觉察通道。你还会学到可用于生活各个领域的基本实践方法。

第一辑，就是你手中的这本书，其主旨在于定义你的"智能游乐场"。这部分内容将通过四象限思维和多种感知练习来提升你的思维能力。

如果你又读到了第二辑，走进游乐场，它将带你进入第三部分和第四部分。第三部分展示的是，探索并发展被称为图式 A、B、C、D 的关键路径，即自我探索的发展框架。这是专门为转变整体系统而设计的学习方法与解决方案。图式 A、B、C、D 与量子物理学的基本发现密切相关。我们的注意力从粒子转移到模式，并于更深远的层次上创造一致性。观察这些正在生成的图式也与许多法门的修炼方法如出一辙；除此之外，我们还将融入成果导向的"教练的艺术与科学"中使用的方法。[1] 第四部分则是整合。我们将进一步探索内在现实的本质，以及如何发现一个又一个的内在现实。

衷心致谢

《四象限动态智能》的第一辑、第二辑是许多人共同努力的智慧结晶。彼得·斯特凡尼自始至终深度参与创作。他不仅仔细阅读了每一章的内容，而且协助把控整本书的写作框架。希瑟·帕克斯带着满腔热情，绘制了各种各样的四象限图。她负责书中许多注释的编辑工作，并负责审查所有的文本修改。金·莱斯科纳、迪奥多拉·卡米诺娃、罗莎·特卡托娃与劳伦斯·麦金尼斯等朋友和同事在阅读、提问和编辑方面也提供了帮助。

我也要真诚地感谢图表设计师盖尔·利奇和阿什丽·贝格。盖尔给我们提供了很大的帮助。在撰写本书的这几年里，她忍受了我的多次修改。我也感谢阿什丽作为一个平面设计专家始终如一的支持，她为我们呈现出了最终的版面。

因为这本书的编写经历了不同阶段，也非常感谢芭芭拉·科齐奇和亚历山德拉·伊万诺娃对本书的早期编辑工作。

献辞

谨将此书献给人类对发展的强烈渴求!

我们每一个人,都由同样的欲望与尘埃组成,都曾被共同的否认与绝望围攻,从这一刻开始,让我们坚决与果敢地燃烧起内心的火焰吧!

——威尔弗雷德·欧文

目录

第三部分　图式 A、B、C、D　001

第一章　精通图式 A、B、C、D　003

第二章　四象限系统的四大法则　008

第三章　图式 A：激活成就者　015

第四章　图式 B：创造更大的游戏　025

第五章　图式 C：连通思维内核　050

第六章　图式 D：化解困境　067

第七章　在旋转中保持平衡　073

第八章　飞入量子王国　078

第九章　图式 D：超越两难困境的方法　083

第十章　思维中的演奏：每天练习四种图式　094

第四部分　完整性：觉知的空间　105

第十一章　借假修真　107

第十二章　在悖论中体验真相　115

第十三章　超越因果的小妖：通往真理的方向　123

第十四章	通往整体系统的共振连接	132
第十五章	真相的离心效应：使用四象限	144
第十六章	将真相作为探索背景	151

附　录　165

附录1	感知本就是积极的	167
附录2	设计精通游戏：大师之旅	170
附录3	开放式问题线	177
附录4	思维的逻辑层次	180
附录5	成功练习	188
附录6	图式D与整体感知的数学	192
附录7	图式D的进阶练习	195

注释	212
参考书目	214
埃里克森国际教练学院	216
专有名词中英文对照	217

第三部分

图式 A、B、C、D

探索右侧阶梯：发现内在自由的疆域

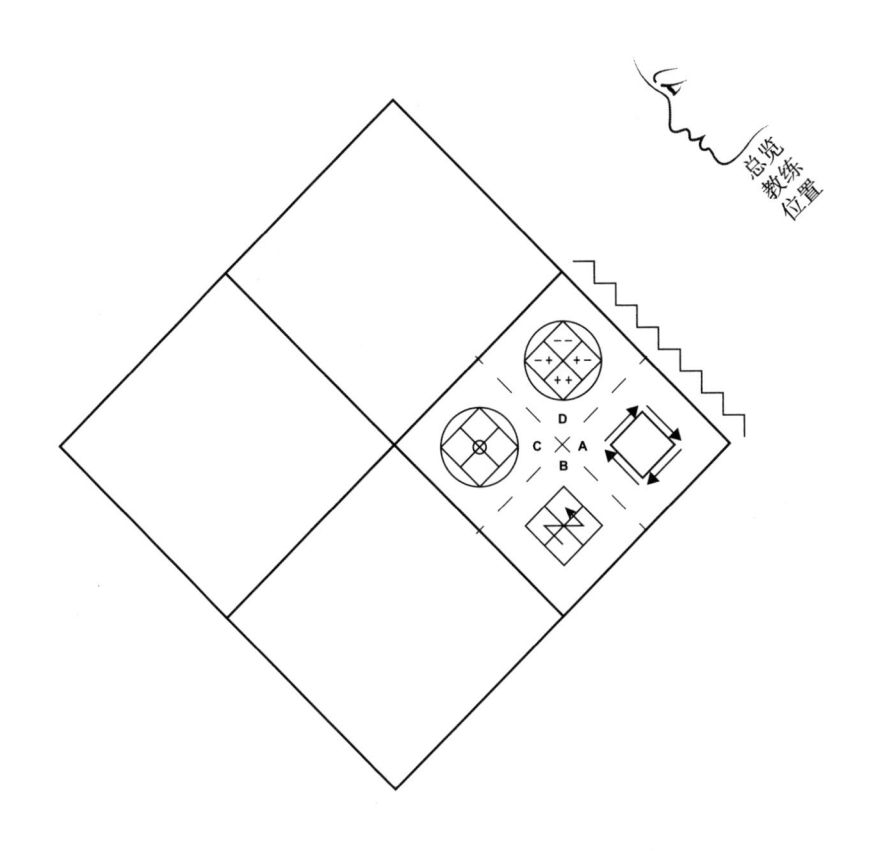

第一章　精通图式 A、B、C、D

生命发展的大型游戏

让我们简单回顾一下第一辑，并介绍一下第二辑的内容。在第一辑第一部分和第二部分，我们定义了指引人类发展的四象限方法论，并勾勒出了发展路线图。在第一部分中，我们聚焦于攀登隐喻式的中央阶梯。我们开始通过练习提升身体感官的敏锐度，将注意力集中在**身体**上。我们探索过如何用简单实用的练习来唤醒并增强身体上的觉知。

身体上的感知和内在价值观欣赏是上一辑的主题。第一辑第二部分展示了将内在的空间与时间扩展到更大范围和更高层次的抽象度的工具。我们发展了投入的教练位置与抽离的教练位置，并在视角切换中玩耍。于是，作为读者的你，可以体验这两个视角，并进行区分。我们邀请你把思维当成一个游戏面板或游乐场，发展不同方面的动态智能。我们用"左侧阶梯"的隐喻来探索发展至今的思维系统。

在第二辑第三部分和第四部分，你将有能力探索思维发展进程中的"右侧阶梯"，提升你的思想自由度和思维清晰度。我们将为你介绍四个生命发展"游戏"。每个游戏都是不同的系统思维发展模板。我们将它们称作思维图式 A、B、C 和 D。

这四种图式发展了思维的四种关键功能，以此支持觉知能力的提升和思维的清晰与扩展。它们为发展教练位置带来了强有力的思维框架，让你可以观察你的生活、你的成长与心脑之间的连接。每种图式都有特定的四象限方法、结构与流程。而且，每种图式都呈现为一种主要的生命发展方法论。我们将逐一进行研究。

我们将在本辑第三部分介绍这四种思维图式。你会发现它们会启动你自己

当我们有意识地使用它们时，我们真正感知到存在感，感受到归属感，会在生活中做出积极选择，并在思维发展进程中有效地"抱持悖论"——这些都是重要的生命觉知能力。

（和全人类）的进化。当我们有意识地使用它们时，我们真正感知到存在感，感受到归属感，会在生活中做出积极选择，并在思维发展进程中有效地"抱持悖论"——这些都是重要的生命觉知能力。

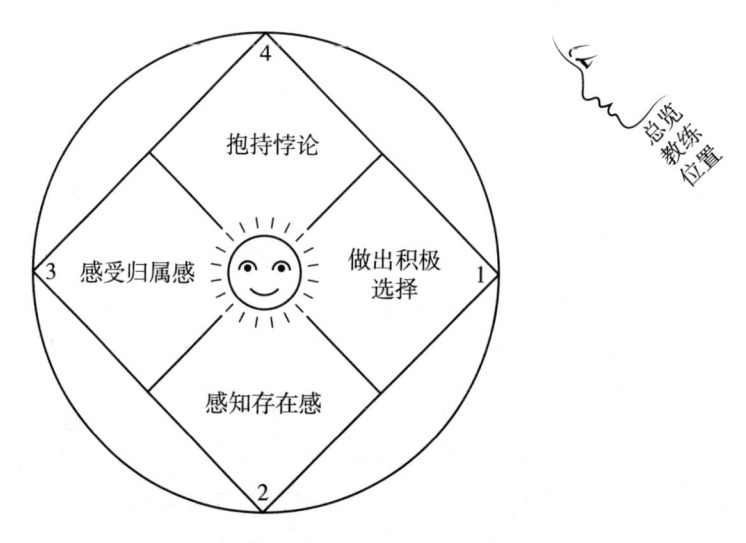

图1.1 四种关键的生命觉知能力

四大图式中的每一种都是一条关键发展路径，帮助我们提升思维自由度。每种图式都会带来跳出盒子的思考，让你一次又一次地超越原本思维图式所能触及的范围，提升思考效能。

思维图式 A、B、C、D

四大思维图式如何发挥作用？图式 A 让你根据已知目标来感知自己的方向和进展，让你在关键领域中明确目标。图式 B 允许新要素的出现，从而让你跳出既定的思维盒子。图式 C 通过平衡与和谐的探索，让关键要素与新鲜事物涌现出来。最后，图式 D 帮助你探索所有可能的选项，包括那些在你有限的注意力范围内还没考虑过的选项。每一次探索都在释放你的创造力。

如果你理解了每种思维图式的功能，你就可以分别使用它们，也可以将它们结合在一起使用，就像一个交响乐团的指挥一样，指挥乐团的各个部分进行独奏和合奏。也像作曲家一样，你学会无缝地从一个乐谱转换到另一个乐谱，并开始发展出整体设计的大背景——谱写出整个乐章。

四大图式的力量

截至目前，我们所体验过的强有力的、整合式自我发展的学习类型都可以归结为这四大思维发展图式：图式 A、B、C 和 D。这些都来自第一部分和第二部分的游戏，它们与我们关键的发展式学习路径有关。第三部分将继续这个探索进程。

这四大图式帮助你在大脑中迅速建立更灵活的神经元连接，同时让你对自己内在的学习进程保持觉知。当你将它们用于探索任何一个重要项目时，它们将为项目发展和生命发展带来关键的发展路径。可视化地图的流程将加速整个进程，让你的思维发展实践可以取得成果。

图式 A、B、C 和 D 组成了有教练位置的"游戏面板"：图式 A 针对目标，图式 B 针对意图，图式 C 针对内在完整性，图式 D 将所有这一切整合在一起。每一种图式都有不同的指向、推动力与行动方案。它们让你从 A——被动的技能学习转变为 B——主动的技能学习，从 C——以价值观与意图为中心的被动学习转变为 D——以价值观与意图为中心的主动学习。它们的存在让人们可以去探索不同的游戏面板：个人的与包容的；个人的与排他的；公共的与排他的；公共的与包容的。

每一种图式都构成一个内置的学习框架，帮助你开发新的意识领域，让它变得愈发清晰。每一种图式都能帮助你培养关键的思考能力，提升觉知。

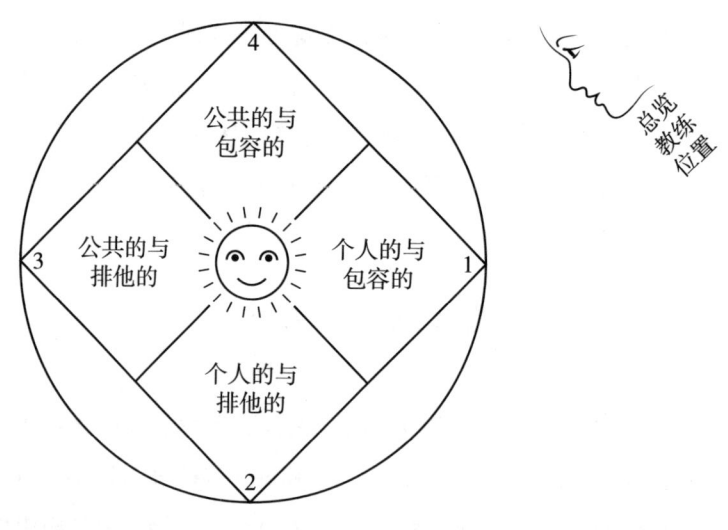

图 1.2　公共的与包容的

当我们努力发展自己时，这些游戏面板——显示潜在可能性在生活中的推演——代表着重要的机会和挑战。通过用这四种图式来提升你的思维能力，你就能熟练地观察自己如何在积极与消极的内在对话和观点之间切换。你将学习如何将注意力聚焦于生活中四个非常重要的方面：

- 创造性意识是由内在的"我"而起的；
- 自主意识围绕着主观的"我"展开，有时被理解成我带来的结果或个人所有权中的"我的"（这具身体、这个结果等等）。
- 边界和范畴意识是由"你和我"之间的交互产生的，包括我们特定的共同领域。
- 整体意识囊括"我们"或"我们所有人"。

你将自己在生活中发展出来的目标作为自己的"游戏背景"。每一种图式就像一个游戏面板，通过不同的结构、流程和工具来培养你的综合技能。每一种图式都构成一个内置的学习框架，帮助你开发新的意识领域，让它变得愈发清晰。每一种图式都能帮助你培养关键的思考能力，提升觉知。每一种图式都会助力下一种图式的运转。将所有这些整合起来，你就会对自己的意图、灵活性、平衡和完整性有更深刻的认识。

图 1.3 思维框架

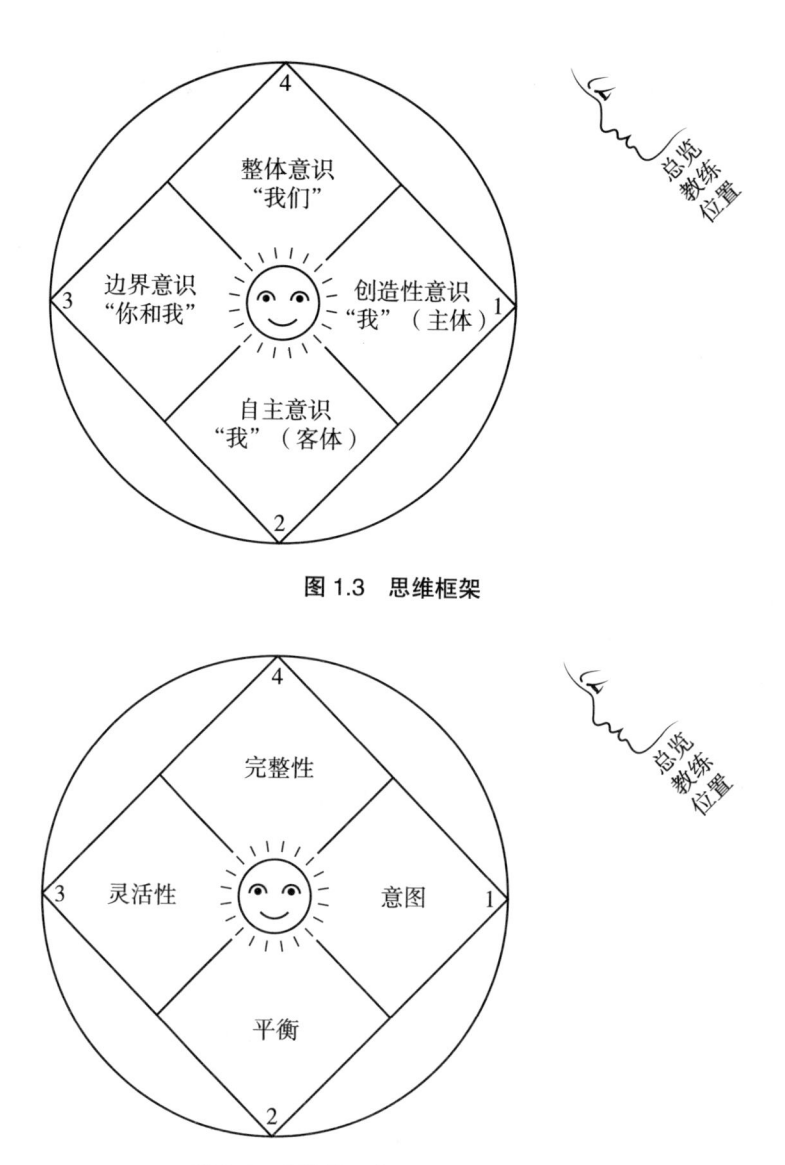

图 1.4 完整性、意图、灵活性、平衡

总而言之，每一种图式都有其独特的推动力，推动我们朝着目标前进。当我们有意识地使用这四种图式时，我们将真正地感知到存在感，感受到归属感，做出积极选择，并在每个时刻有效地"抱持悖论"。通过每种图式，我们深化了对丰富性、体验感、重要性与共鸣感的觉知。更深层的生命在召唤着我们前进。

007

第二章　四象限系统的四大法则

探索四大法则

是时候了解四大法则了。之所以称之为法则，是因为你会在每次实践中重新感受到它们的力量。数世纪以来，能人善士们一直在验证这些法则。你可以将其作为基本技能组合，了解它们，检验它们，像深入探究四大象限一样研究它们。当你学着掌握内在智能时，它们会激活你对动态智能的基本元素的觉知。我们在所接触到的各种思维矩阵中发现了这四大法则，将其作为意识领域本身的探索指南。以下是我对这四大法则的理解。

法则一：有福之始法则

法则一是在我们的生活中一再出现的伟大法则。无论我们年岁几何，它给了我们呼吸和成长的空间。简单地说：你可以在任何时候，探索内在世界中的任何一个地方！从哪个象限开始，从哪种涌现出来的智能开始，以什么顺序开始探索并不重要。重要的是开始！关键在于积极主动地去探索！

换句话说，内在发展并没有固定顺序可言。图式 A、B、C 和 D 也是如此——我们将在第三部分探讨这部分内容。你可以从任何一个图式开始，并根据你的选择前进。重要的是，开始你的探索。

例如，有些人可能从第四象限的智能开始，然后进入"我们"的整体意识。这样的探索是非定域的，以灵性探索的方式进行。在某个取得成果的美妙时刻，他们的身体会马上品尝到成功的滋味；也就是说，最终还是会落到身体感知的第二象限。我们总是以当下有意义的事物为起点，一次又一次地开启探索之旅。

只有我们，只有我们自己，才能培养自己对更广阔的生命体验与更大的生命意图的觉知；我们通过激发强烈的好奇心，通过由衷地向内发问，获得这样的觉知。

你可以随时开始！伟大的苏菲派诗人鲁米曾这样召唤他的学生们："来吧，不管你是谁，来吧！不管你曾经违背过什么誓言，违背过一次还是一千次，再来一次吧！"

法则二：真实探索法则

强烈的好奇心和开放式问题推动着整个进程

法则二可以称为"通过向内发问来探索的法则"。这条令人惊讶的法则基于这样一个事实：只有我们，只有我们自己，才能培养自己对更广阔的生命体验与更大的生命意图的觉知；我们通过激发强烈的好奇心，由衷地向内发问，获得这样的觉知。我们击碎任何惯性情感隔离模式的"冰面"，让自己深深扎入内心深处的探索中。然后，我们爬出来，总览全局并进行整合。我们进进出出，在学习的探险之旅中一往无前。

即使是最微小的单细胞生物，也能成为探险家。而且，对于人类来说，我们的好奇心通常会变成值得探索的问题，问题越开放越好。在这个过程中，我们学会真正倾听内心的诉求。

在自我发展的过程中，我们需要有好奇心，需要有对学习的强烈渴望。只有向内发问，才能进入自我发现的关键领域。提升探索动力和增强觉知能力也可以帮助我们发展自己的能力，以自我探索的方式问出关键问题。在这个过程中，我们攀登的是用以觉察真相的阶梯。

法则三：通过欣赏实现发展法则

第三个基本法则指向欣赏。这里的欣赏也包含自我欣赏。当得到充分欣赏时，真正的整体觉知就会得到发展！我们可以在任何时候积极地肯定我们的觉知，并肯定它是积极正向的。

所有现实都是积极的。一旦我们说了负面的话，"哐！"的一声，情感隔离就会将我们对内在愿景的更深层觉知拦腰截断。意义的流动静止了，觉知也停下来了。

积极的欣赏也会带来可衡量的结果。要创建一个现实，你需要积极地探索，从15 000米到1米，在所有的"价值观层级"上投入其中——这是我们在第一辑中探索的思维空间隐喻。你需要观想它、设计它、理解它、感知它，在你的脑海中将其作为一个完整的系统来探索。

我们需要欣赏我们的觉知，让它成长。这让我们可以探索任何一种现实，衡量和测试其真实性。我们的整体发展系统一直在等着我们，但我们需要一次又一次地拔掉瓶塞，才能品尝到生命祝福的甜美甘露。

如果我们想秉持某种价值观，使其在脑海中保持清晰，就需要在事境变迁时有意识地保持觉知。这样说来，欣赏是所有积极探索的重要组成部分。如果我们积极地欣赏，我们的觉知就能延展和成长。欣赏的理念在经济学领域也有类似的应用。有了注意力——再加上衡量标准——价值就会实现增值（appreciation）。

意识容易变得狭隘。人类在任何时候都会习惯性地运行四个小"组块"的意识焦点。任何令意识收缩的消极想法都会立即耗尽这些信息组块，就像吸血鬼在吸食意识的血液一样。对一些人来说，这会带来负面情绪，也会分散他们的注意力。对其他人来说，他们会感受到不同程度的情感隔离和麻木。我们可以对自己负责，选择在生命的每一天重新开启觉知，带着感恩的心，让自己重新聚焦。

感恩打开了那扇门。主要是感恩，辅以好奇心，让我们可以在生活中保持开放，也让内在的价值观体系得到发展。觉知的完整性总是触手可及。生命能量的流动形成了我们更深层次的智能的天气系统。

感恩的力量是无处不在的！要注意到这是多么不寻常，你需要问一些感知丰富的、体验深入的、显著相关的、能引起共鸣的问题，这些问题能让你打开心扉，展现出你真正的内在智慧。接下来，只需感恩这一刻的发生。

你可以快速前进，探索内在智能动态的、流动的本质。在这个探索之旅中，谨记这样一句话："我们要深深感激所有的馈赠！"

对所有人来说，我们的大门正是通往自己广阔的内在完整性之体验、通往内在现实的大门。

法则四：连续展开法则

我们设计自己的内在发展之路，并且我们可以真正以自己的方式沿着这条路前进。这就像披头士在他们的"白色专辑"中唱的那样："通往你心门的道路，漫长而曲折……"对所有人来说，我们的大门正是通往自己广阔的内在完整性之体验、通往内在现实的大门。

连续展开法则显然与人类进化发展进程中不可抗拒的推动力有关，它牵引着我们每个人去拓展自己作为人类的能力。现在，它有一个特定的四象限应用方式：当你带着觉知与感恩在三个象限中发展自己时，第四象限的智能自然会浮现出来。整体性的本质映入眼帘，而且天然以四象限的结构显现。

换句话说，如果我们已经在发展三个成长系统，能够对它们加以区分，我们也欣赏自己在这三个领域的成长，再加上把注意力放在这三个系统中，使其体现出实际价值，那么第四个系统就会开始显现出来。你至少需要引入三个象限才能让最后一个象限势不可挡。当我们发展第三个时，第四个开始自行显现……

通过在至少三个象限（任意三个）中进行测试，你让自己更加理解了这一法则。一旦我们通过探索三个关键领域，把足够的注意力放在对我们来说很重要的事情上，那么，我们所取得的进展会推动第四个领域的出现。所有系统都会相互唤起。

法则四：发展三个象限的平衡，将催生出"内置的"第四个象限！

法则三：感恩之情让它成长！

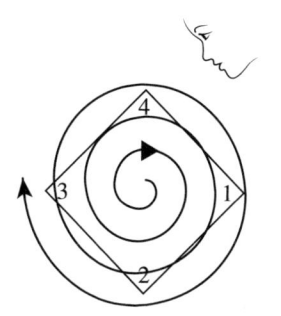

法则一：你可以在任何地方开始！

法则二：好奇心与问题推动这个进程！

图2.1　四象限量子系统的四大法则

记住，只有通过有意识地积极发问，特别是问出开放式问题，我们才能感受到内在的完整性！欣赏为你开启了另一扇门！

使用该系统

开始四象限"思考"的方式之一是系统地探索法则四。有一个有趣的方法，那就是先在你感兴趣的领域，分别在四个象限创建发现之轮。这是一种开发你自己的杠杆系统的方法。你正在制定一个实践计划，定义对自己重要的探索领域。你成为自己持续探索的旅程的创造者（见图2.2）！

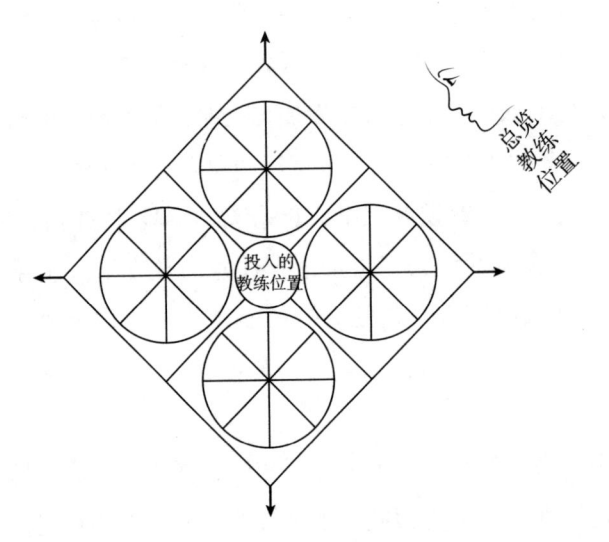

图 2.2　用平衡轮构建四象限的杠杆系统并对其进行优先排序

通过整合这四大法则，我们找到了进入量子愿景和广阔觉知之流动的途径。四大法则为我们深入了解生命发展的内在系统带来了便利。记住，只有通过有意识地积极发问，特别是问出开放式问题，我们才能感受到内在的完整性！欣赏为你开启了另一扇门！

四个自我发展平衡轮的练习

在你的日志中，画一个四象限系统，并在每个象限中构建一个"发展轮"。把每个象限中的发展轮都画得足够大，这样你就可以在每一小块区域中做记录。花些时间思考，在每个区域中写下关键信息，为每个区域赋予意义。同时，注意任何你发现自己缺乏思维灵活性的习惯。这些可能是你想要获得成长的领域。

只要你画出第一个发展轮，就会激发出一组空的发展轮。这是专为你的生命发展而设计的。将这四个发展轮与具体场景和行动结合起来。在每个区域中，从1分到10分，标记出你目前的满意度，并考虑用什么实际行动来实现提升。有什么项目可以在每个领域丰富你的学习，促进你的成长？你将如何采取行动？

用这些相关联的发展轮来思考一个计划。在每个区域中，从1分到10分，你希望自己处于什么位置？为了进一步发展一项核心能力，你今天可以从哪里开始迈出第一步？只选择其中一个！如果你想要开始发展自己，只能选择发展轮上的一个地方，那么，现在最重要的是什么？

你怎样才能进一步发展这个关键领域？如果你决定出发，你具体会做些什么？你随时可以重新画你的设计图。

经常使用你的发展轮。在其上添加成长标记，保持前进的步伐，让发展轮上的不同区域朝着10分的满意度发展。

带着好奇心开始这个探索。你认为内外在发展的哪些方面吸引了你的注意力？目前最吸引你的是什么？

随时随地开始

　　注意启动的力量。要想横渡海洋，你首先要造一艘船，熟练地使用船桨。其中一步可能是，在发展轮练习中，勾勒出每个象限的发展轮，并思考哪些项目最能促进你自己在每个象限的学习与发展。

　　这种探索的力量往往令人惊讶。不妨让好奇心指引你继续前进。

　　在所有四个领域使用四大法则。与此同时，也可以把这一探索当成：

- 对丰富性的探索
- 对体验感的探索
- 对重要性的探索
- 对共鸣感的探索

第三章　图式 A：激活成就者

有关内在成就者的游戏

我们将第一款游戏称为图式 A，即**激活成就者**。我们的发展之旅从这个基础性的生命游戏展开。我们无意识地用它在生活中创造一般的项目或游戏。我们可以有意识地用它来设计有目的的、步步为赢的框架，完成生活中各种各样的项目，特别是那些逐渐增强个人能力的项目。

通过理解图式 A，作为游戏倡导者，你将逐渐学会像对待生命一样对待项目。你会更积极、更有意识地去实现你真正想要的成果。有意识的头脑成为选择与改变的代理人。图式 A 是一个有用的框架，可以激发我们头脑中的计划性问题，并创造出强有力的愿景。我们"激发自己内在的成就者"，从而让自己在生命旅程中从被动选择变成主动选择。

图式 A 的学习过程展示了我们人类最基本和最直接的自我发展路径。在这里，我们学习尽可能持之以恒地朝着目标前进，直到目标达成。通过有意识地激活成就者，我们的注意力被引导到"外在的旅程"上，引导到切合实际的游戏计划和想要取得的成果上。[1] 与此同时，我们也激发了内在的好奇心。无论何时，当我们开始一个有"结局"的项目后，这场游戏及其记分牌就会一直伴随着我们。带着好奇心和问题，我们可以一直与更大的愿景保持连接。

图式 A 的结构：实践和取得成果

当我们激活内在成就者，一路盯着一个重要目标直至其完成时，我们就会获得人生的智慧。这是在所有生活与工作中所需能力的核心：制订计划并执行！把意识当作一个行动系统，一个"执行"（doing）系统及一系列相关的习惯。如果专注于结果，一个人可能并没有真正注意到，或没有完全意识到其中的微妙之

图式 A 帮助内在成就者变得积极和有远见。

处，但当他在脑海中思考"下一步"时，他会下意识地使用自己的内在指引。

作为一个工作系统，意识是狭隘的，并且必须专注于完成任务，因为它需要明确项目的具体步骤。它包括目标发展的四个阶段：第一，启发；第二，实施；第三，发现价值；第四，完成与庆祝。图式 A 是完善所有目标的关键因素，包括整个社会的目标、健康目标、家庭目标和个人目标。例如，养育一个孩子，就是一项持续终生的图式 A 项目。

我们可以有意识地学习逐步扩展自己内在的视野。随着一个重要项目的推进及我们不断强化"把它做好"的决心，我们在发展自己的全局观，发展自己的内在能力，可以"由外而内"地与更大的生命游戏的方方面面协同。

意识：图式 A 游戏中的头号"玩家"

用一个比喻来说，如图 3.1 所示，我们运作项目是有方向的。我们通常按照图中箭头的方向移动，像一个棒球跑垒员一样，绕着"棒球场"的垒跑。这也代表了我们从项目中习得的能力。跑垒员，即"目标评估者"，通常代表着用于衡量成就的"外部因素"，因为成就者的行动通常是围绕着项目展开的。它也代表着我们在生活中、在生活的各种项目中培养技能的方法。

图式 A 帮助内在成就者变得积极和有远见。你会注意到，四阶段问题或计划性问题是如何推进整个过程的。

完成与庆祝
我如何知道自己取得了想要的成果？

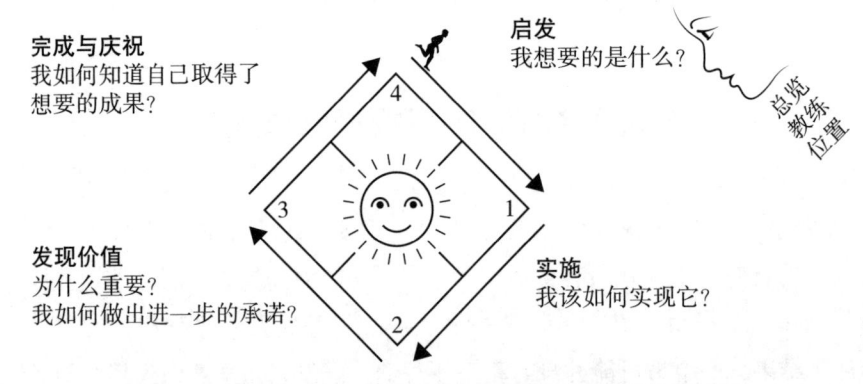

启发
我想要的是什么？

总览教练位置

发现价值
为什么重要？
我如何做出进一步的承诺？

实施
我该如何实现它？

图 3.1 图式 A：通过运作项目来激活成就者的"外在旅程"

盘旋在我们脑中的问题会帮助我们检视自己的生命意图，这样我们才能真正开发出用以发现更深层目标的"外部"工具。

发展中的意向

图式 A 通过有意识的努力，发展了我们面向更广阔的生命本体总览游戏的意向性。这个游戏的目标是设置一条清晰的、旨在完成目标的行动路径。在项目开始时，我们需要真正地投入精力和注意力，因为多种刺激往往会干扰我们的注意力。对于教练来说，当客户想要在某个领域有所成就时，教练会有意识地用图式 A 来组织提问思路。当客户的目标是在一个重要项目中取得成果时，教练协助他们发现愿景、总览全局。

一个复杂的项目通常有许多步骤。在朝着目标前进时，我们经常会问自己"我现在走到哪一步了？"，也会问自己"下一步是什么？"。图式 A 的流程有点像黑暗中的手电筒：它先照亮一个区域，然后再逐步照亮一个又一个区域。

图式 A 特别有助于聚焦于完成项目。意识是狭窄的，但是，当我们专注于完成后的愿景时，我们会遵守自己的承诺——即使在项目面临困境时，我们也会坚持下去。这会让我们形成整合的愿景，也会帮助我们明确自己的使命。盘旋在我们脑中的问题会帮助我们检视自己的生命意图，这样我们才能真正开发出用以发现更深层目标的"外部"工具。

自我发展：通过深度体验而涌现

我们通常凭借着模糊的想法和目标启动一个项目——可能是一些愿景的闪现、一个甜蜜的梦或者是某个感觉自己真正想要的模糊的"东西"。然后我们逐渐建立起关于这个可能性的视觉影像，直到它变得清晰，清晰到足以激活相应的行动步骤。

在某种程度上，一个人会将时间和精力投入自己的"可行动的愿景"。他变得足够专注，形成了清晰的"微观愿景"。依据这个愿景，他会形成自己的行动思路，完成这个项目，实现这个愿景。他开始实施计划并采取行动。当我们开始有意识地朝着一个特定的重要目标前进时，这通常是一个重要的时刻。为了完成项目，我们细化行动细节，确定哪些要素将成为必要的行动步骤。

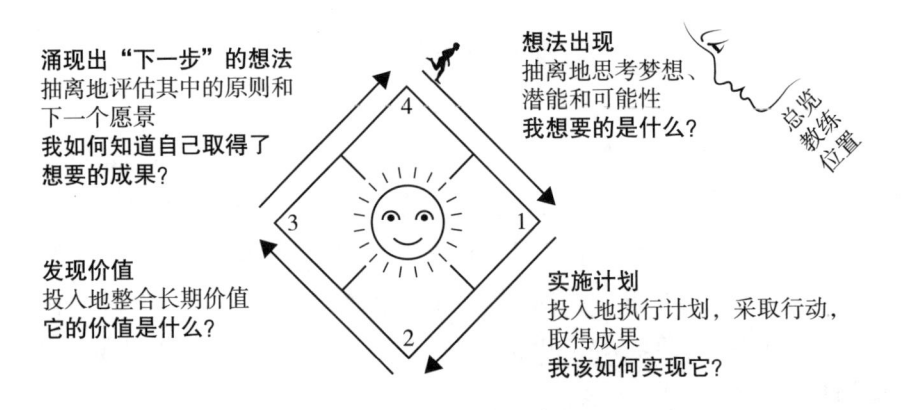

涌现出"下一步"的想法
抽离地评估其中的原则和下一个愿景
我如何知道自己取得了想要的成果？

想法出现
抽离地思考梦想、潜能和可能性
我想要的是什么？

发现价值
投入地整合长期价值
它的价值是什么？

实施计划
投入地执行计划，采取行动，取得成果
我该如何实现它？

图 3.2　项目开发的四个阶段

为什么图 3.1 和图 3.2 显示的是一个跑垒员通过问出开放式问题围绕着四象限移动的场景？我们之所以将这个路径画成菱形，而不是画成一条直线，是因为每个复杂的多步骤项目都是一个"平衡发展"的系统，其中的步骤只会逐步显现出来。我们一步一步地前进，直到发现"下一步"。渐渐地，我们就会知道，如何全面推进整个项目的进程。

菱形的下半部分代表整个系统的投入部分，上半部分代表整个系统的抽离和整合性部分。要想做好任何一个项目，这两个方面都需要保持适当的比例。此外，每个领域会引发不同的问题。我们需要分别解决这些问题，才能有力地推进任何项目的完成，见图 3.3。

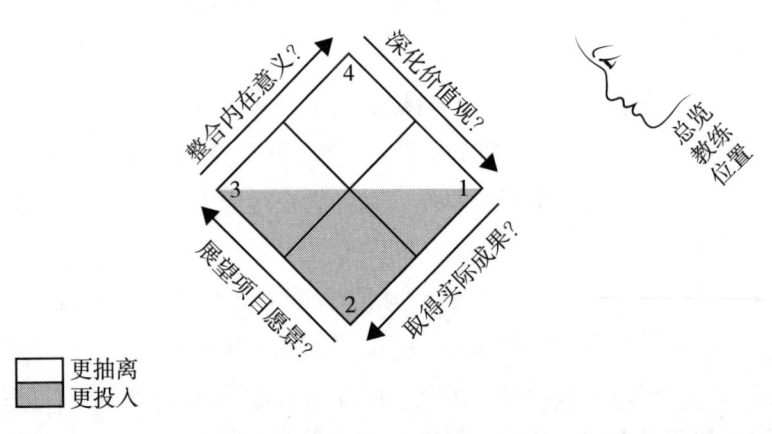

更抽离
更投入

图 3.3　项目开发中的投入与抽离：形成下一个项目

这四个步骤能让我们将生活中的每一个项目提升到"下一个层次",并为"下一次"的体验构建一个更有价值的梦想。

让我们看看一个大型综合性商业项目的本质。为了采取行动,我们需要把学习的各个方面都囊括进来。有效的项目开发必须超越浅层的思考。我们需要设想实施这个项目的各个方面。我们从抽离的愿景展望到投入的成果创造,再到投入的价值观深化——我们需要进入该项目激励人心的价值观体验中,并坚持做下去。而且,只有这样,我们才能把在行动中表达的价值观体验,带回到抽离的总览视角中,从而可以明确在所有这些体验中什么最有意义、什么是最有用的。这有助于辨别出我们的原则,为下一次的冒险助力。这四个步骤能让我们将生活中的每一个项目提升到"下一个层次",并为"下一次"的体验构建一个更有价值的梦想。

随着项目的成功,我们正在学习在所有的生命探险中采取同样的必要措施。所有这些都涉及自我发展的"英雄之旅"。英雄之旅是我们生而为人的旅程,而我们需要跨越时间长河,才能理解自己的成长。从教练位置出发,我们可以看见自己的英雄之旅。

首先,我们需要对它有个概念。然后,我们需要制订计划,进入对它的体验中,并开始形成对它的价值观体验。在那以后,我们可以把它带到下一个整合层次!实际上,新的能力系统能够从我们的体验中呈现出来。

体验的深度需要被辨别、描述、感受、探索、体验、演绎和整合。我们从抽离到投入,最后到一个更为广阔的总览视角。这让我们想起一个古老的禅宗公案:"见山是山;见山不是山;见山还是山。"只有"翻过大山",我们才算做好了准备,进入下一段旅程。

英雄之旅

图式 A——激活成就者,旨在将我们带入英雄之旅,一个关于找到自己发展路径的故事。图 3.1 总结了这个四阶段的学习冒险之旅。当我们专注于路径上的第四阶段并以终为始时,我们的项目就会快速地向前推进。如果我们关注的是项目的完成,我们可以问自己:"留下来的是什么?在更大的社会范围内,

> 第一阶段主要是探索未知和发现动力之源。这一阶段的关键在于受到鼓舞！

这段旅程的成果是什么？依据英雄们的成长经验，到底能发生什么？"

一个能诠释英雄之旅的故事来自霍比特人佛罗多·巴金斯。他是托尔金的冒险故事《指环王》中的主人公。在这个广为流传的故事中，灰袍巫师对托尔金笔下的英雄说："佛罗多，你是天选之人，必须踏上一段伟大的旅程。你的任务是把可怕的'至尊魔戒'带回到末日火山，并把它扔进魔多的烈火中。"

在我们的旅程中，第一阶段主要是探索未知和发现动力之源。这一阶段的关键在于受到鼓舞！读者很感兴趣，想要知道：这个霍比特人会接受挑战吗？他必须逐渐建立起对于他想要的结果的想法，并开始迈出第一步。

在故事的第二阶段，我们跟随霍比特人执行任务，在旅途中历尽艰险。这可是个伟大的任务！我们进入了实施阶段。这带来了必要的"体验"。接下来，也只有在有了对执行目标的体验和学习之后，佛罗多才能够深入思考在执行阶段"真正需要做些什么"！我们必须在实践中"学会学习"。我们每个人都必须发展全面思考的能力，评估我们所做的事情及其影响。

接下来是第三阶段，深化价值观。现在，我们的英雄真正理解了他的努力所创造的价值。这也带来了同理心和团队思维，因为他理解了周围人真正的贡献。

第四阶段的发展，与满足和庆祝有关。我们也可以称之为觉悟。这个阶段需要学习整合、总览全局和自我评估的微妙之处，还需要全面回顾这趟旅程的所有首要因素。只有通过总览全局和自我评估，一个人才能真正领悟他从这趟旅程中收获的深层意义和人生原则。

至此，整个旅程变得很有意义。这个人有能力再次设定过程中的关键要素，帮助其他人获得同样的发展。他也可以开始一段新的旅程。

英雄之旅的第四步是培养有意义的领导技能。观察者会问：英雄是否会进一步运用自己学到的东西？有了这些认知，他会成为什么样的领导者呢？他整合的价值观是什么？他现在变成了谁？整个社会的领导力层级与智慧层级因为他的贡献而更上一层楼！

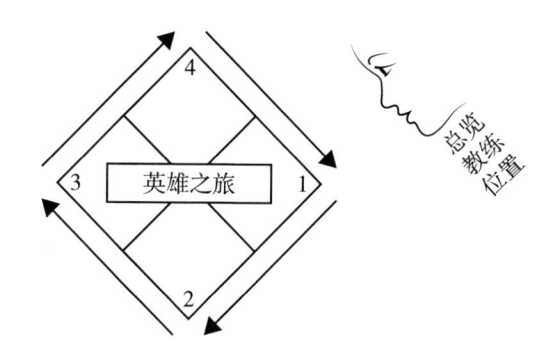

图 3.4 英雄之旅：学习的不同阶段

在所有文化中，英雄之旅的故事都是喜闻乐见的。因为我们可以看到困难如何转化为个人和社会的机会。首先，我们拥有对成果的愿景，然后采取行动来实现它，取得实际的成果。这让我们体验到自己的价值，于是，我们可以庆祝自己从中获得的成长。

对于教练来说，通过英雄之旅的隐喻理解图式 A 的路径，能够帮助他们支持客户走出困境并提升思维层次。教练可以用这个隐喻来支持客户的内在价值观与愿景的发展，帮助他们培养起在较长时间里完成任何项目的能力，不论项目规模有多大！

图式 A 作为以成果为导向的教练对话、亲子教育、学校教育和领导力的思维训练场，是非常合适的。我们可以使用这些方法与伴侣、团队和更大的社会群体一起创造图式 A 的游戏。在内容和目标的层面上，图式 A 帮助人们聚焦于每个项目更远大的目标。我们甚至可以瞥见自己更广阔的生命发展是生命的背景。我们明确了下一步的行动。在我们的支持下，客户也学会在整个人生旅程中保持教练位置。在我们的帮助下，客户也学会了玩自己的生命游戏，尤其是学会了以终为始的玩法。在教练的帮助下，客户可以在内心建立强有力的合约，来创造出这种价值。我们将在下一节展示图式 A 的其他示例。

图式 A：练习 1

- 理解这种图式能给你带来什么。图式 A 给你带来的学习和启发是什么（包括外在的和内在的）？
- 花几分钟想一个简单的项目，也许这个项目来源于你的职业生涯或人际交往。注意它的开展方式有哪些特征。截至目前，什么是行之有效的？哪些步骤需要改善？哪些能力需要发展？
- 让自己体验激活成就者的四个阶段。从你自己的观察者教练位置思考以下这些问题：

  1. 你对这一项目的愿景是什么以及你想要什么？
  2. 你为逐步取得成果而制订的实施计划如何？
  3. 你的投入程度如何以及你可能如何进一步承诺？
  4. 完成后会是什么样的？再继续展望什么样的涌现会给我们带来启示。

请注意：

- 在特定领域中，在你自己通往完成与整合的自学进程中，你处于什么位置？
- 在这些方面，你如何进行自我评估？你怎么知道自己是否取得了成果？

图式A：其他示例图

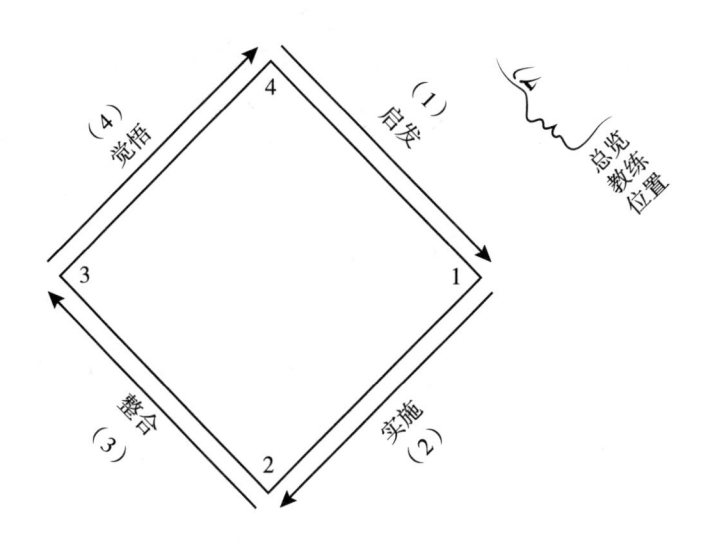

图式A 例1：四"I"

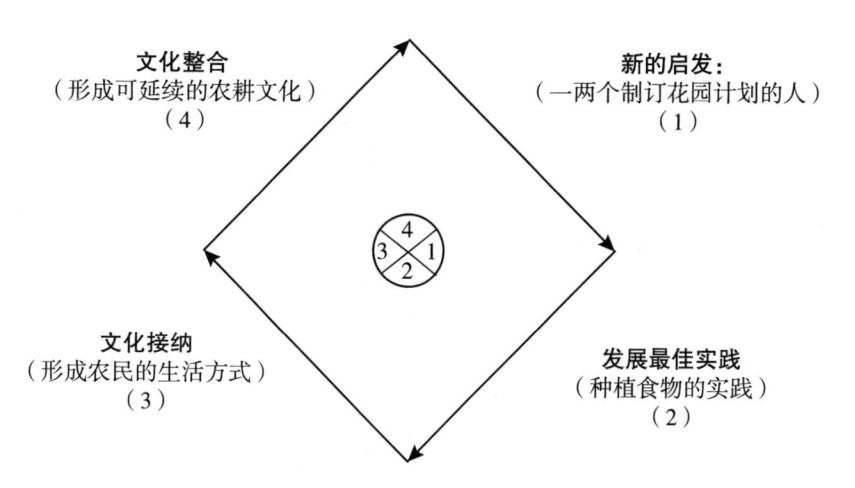

（4）觉悟　（1）启发　总览教练位置
（3）整合　（2）实施

文化整合
（形成可延续的农耕文化）
（4）

新的启发：
（一两个制订花园计划的人）
（1）

文化接纳
（形成农民的生活方式）
（3）

发展最佳实践
（种植食物的实践）
（2）

图式A 例2：生活方式的文化涌现（模因）；一个文化涌现的例子

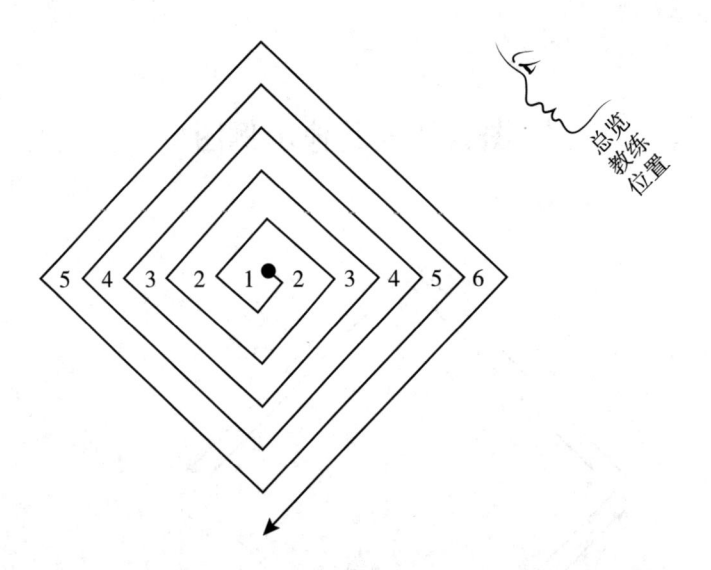

图式 A 例 3：延续 5 万多年的文化涌现——价值观主题的发展

第四章　图式B：创造更大的游戏

聚焦于精通会发生什么

图式A是每个人在生活中启动项目时都必然会经历的思考过程。我们必须参与正在进行的生活进程。相比之下，图式B将那些选择它的人带到了全新的舞台上。这是一个自我选择的、非常重要的舞台。它会让你专注于精通。在这一章中，我们所说的"精通"指的是自然和毫不费力地执行，即手艺精湛。

图式B需要你对自我发展真正感兴趣，这是准入的门票。它就像一个跳板，需要你在日常生活之外坚持练习。通过图式B，我们正在培养一种内在的习惯，可以超越之前习得的所有技能。对很多人来说，图式B似乎有点神秘。因为在一个社会中，通常只有少数人会将长期的注意力倾注于"精通游戏"。

为什么要聚焦于精通？追求精通的目标指向"游戏的第二关"，加速了人们对游戏策略的学习，也为旅程中的丰富性、体验感、重要性和共鸣感增加了另一个维度。图式B将我们的发展整合提升到"下一个层次"。要想实现这个意图，我们需要发现自己深层的生命意图，也要保持对精通的强烈渴求。

图式B要求我们真正地投入自我发展。我们逐渐明确自己的意愿，找到自己内在的"引爆点"。需要注意的是，我们要在一段时间内始终聚焦于精通，逐渐取得进展，也要长期遵守承诺和保持能量投入。

"精通游戏"需要自我探索与自我发现，因为我们面对的是未知的世界。我们渴望达到精通的意愿可以启发周围每个人。聚焦于精通，人们得以学会超越充满恐惧的思维系统。他们走出了对自己和自身能力的"黑暗、封闭、狭隘"的假设，走进"光明、开放、开阔"的可能性中。

要想发展自我，我们通常必须获得与给予，接受他人的帮助，也为他人提供帮助。

转变你的游戏

图式 B 也可以被定义为"创造更大的游戏"，因为这是关于游戏本身的转变。要想发展自我，我们通常必须获得与给予，接受他人的帮助，也为他人提供帮助。通过移动游戏中的"标识"，加上强有力的提问，我们创造了"下一个层级"的游戏。我们需要深化对游戏意图的理解。

长期而言，发展的重点在于培养新的能力，在此之后，其他人也能习得相应的能力。这种对发展的专注力逐渐增强，整个旅程中的转变潜能变得愈加清晰。参见图 4.1，它显示了用以逐步"提升"精通能力的质量的实际步骤。图 4.1 显示了 4 个阶段，每个阶段都在发展下一层级游戏的"规模"，我将其称为涌现、收敛、发散和转化。

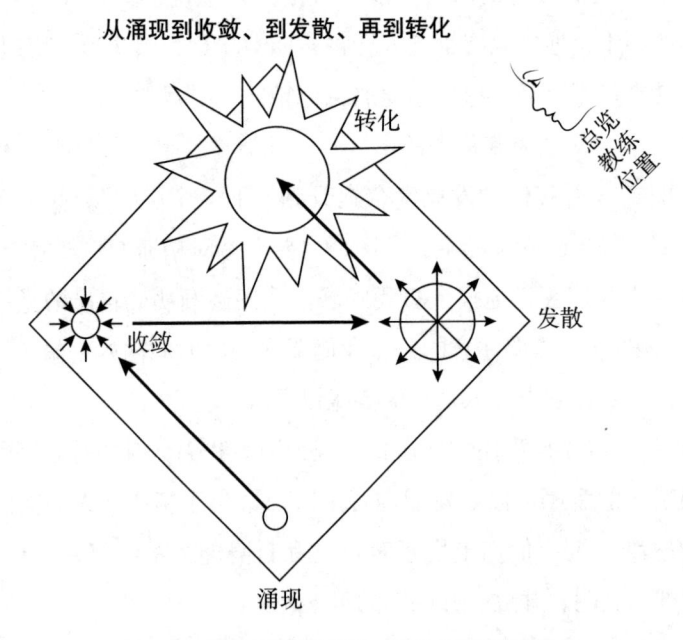

从涌现到收敛、到发散、再到转化

图 4.1 创造更大的游戏：图式 B 的通用形式

图式B：通过内容、结构、流程和形式培养觉知

让我们通过隐喻来看图式B的关键步骤，并一步一步地了解其中的一些相关内容。我们将研究三个例子。

图式B在图4.1和图4.2中都有所体现。图4.2显示的是有关学习的关键面向。随着每个层级的超越，向上的移动展示了思维在学习时发生的"转变"。起点通常在第二象限的内容层面，因为第二象限代表了我们已建立的学习基础和已培养的学习习惯。第三象限代表了为进一步发展我们的学习而构建结构，向高水平的技能组合发展。随着我们越来越投入，在思维中获得真正的精通，第一象限的流程代表了创造性想象和创新改革。

第四象限逐渐显现，发展出高层次的学习、整合、共鸣、启发和深刻的自我发现。我们看到思维的自然显现，从内容、结构到深层流程，最后到精通的形式设计、心流状态和转化能力。（详见第一辑附录C。）

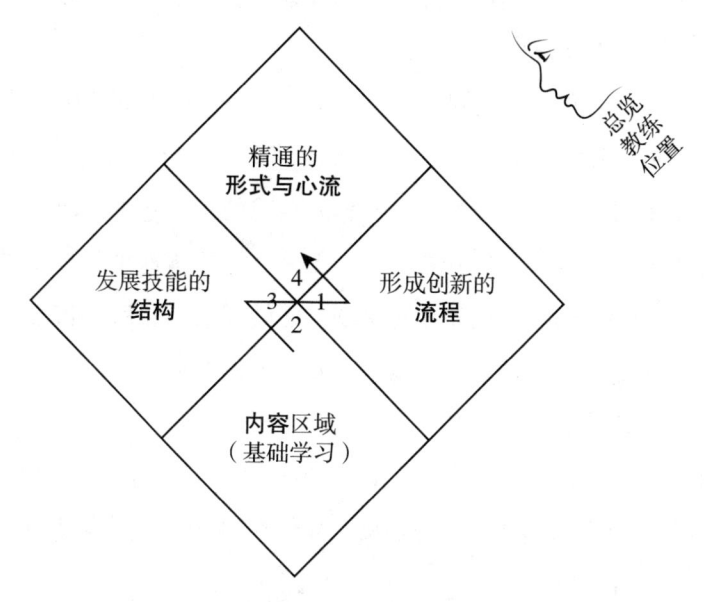

图4.2 精通的内容、结构、流程与形式

有了强有力的愿景，我们就可以投入其中，并"大胆去做"。我们需要练习投入其中的观察和抽离其外的观察。

沿着这条路径向上，我们发现了什么？

第一阶段：出现一些新事物。内容（涌现）

第二阶段：有一些东西需要实践，同时，其与以往有相似性。结构（收敛）

第三阶段：在发展实践中出现了一些东西，即存在差异性。我们发现了创新的可能性。流程（发散）

第四阶段：在所有这一切中出现某种整体性的东西：超越与转化的形式。（转变）

我们也在研究几何级数的算法。学习自然会扩展思维，像俄罗斯套娃一样，整合所有早期的学习，每一个层次都会超越之前的层次。学习的每个方面都像一块磁石，吸引着一个不断增长的领域，形成一个漩涡，吸引着我们更细致地学习。

通过图式B，我们倾向于通过集中注意力来培养技能。我们逐渐为我们的学习发展出一个愿景，分别从外部和内部观察它。这让我们能够从多个角度探索精通的目标，从而整合自己的技能。

我们观察自己习得技能的过程，并与他人进行比较，既从中体验，又在外观察。举个例子，我的一个客户是一个18岁的女孩，为了加入加拿大奥运会跳水队，她要拿下最后两个复杂的跳水动作。在我的工作室里，她看了一段世界跳水冠军完美地完成五次空翻的视频。接下来，她逐步地想象自己"进入这个身体"（跳水冠军的身体）。她先在这个场景之外观察，然后，随着她逐渐想象到自己跳水的感觉，她又进入这个身体（她自己的身体）中体验。最后，她学着将所有视角和感受融合在一起。

有了强有力的愿景，我们就可以投入其中，并"大胆去做"。我们需要分别练习投入其中的观察和抽离其外的观察。我们在探索中发展自己的技能，并力求实现精通，获得力量。

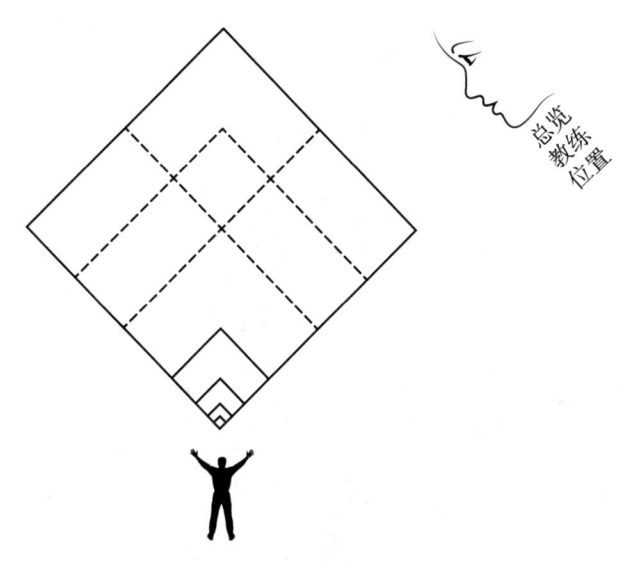

图 4.3　图式 B 的精通愿景与学习进程中的扩展

通过图式 B，微小的想法也能变成巨大的创造。

为实现精通而自律

"大师之旅"的教练流程[2]在《唤醒沉睡的天才：教练的内在动力》一书中有完整的描述，在本书的附录 5 中也有简要介绍。这是一个有关学习进程的教练流程，旨在通过设想实现精通的愿景来深化对图式 B 的感知。你可以将其应用于任何一个项目。

大师之旅是一个关于图式 B 的练习，旨在增强对实现精通的专注力。有了它，人们可以把铺在地板上的"步骤"当作他们的"精通路径"，设想自己实现了精通的愿景并"亲身经历"实现愿景的过程。

这样做的目的是创造一个体验式的长期发展的愿景。不论这个人正处于项目的哪个阶段，这个流程都是适用的。我们从外部和内部都体验了实现精通的愿景，由此获得了前进的动力。

在整个生命中,我们通过练习聚焦于精通来实现意识进化。要知道,这是我们生而为人自然想要做的事情。

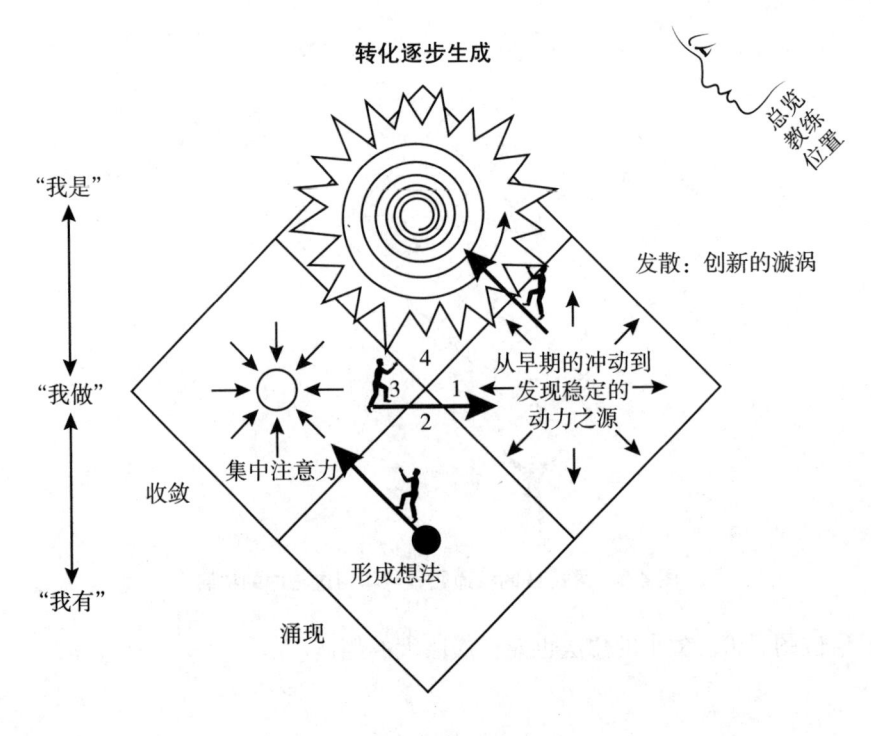

转化逐步生成

图 4.4 带来转化的大师之旅

通过大师之旅,我们探索了有关项目开发的四个阶段:形成想法、集中注意力、从早期的冲动到发现稳定的动力之源,最后,指向精湛技艺的转化。请注意,我们从第二象限开始,"我有"(having)想法,然后在第三象限和第一象限之间来回移动,经历不同阶段的"我做"(doing),最后达到"我是"(being)的质变!"我是"意味着与技艺融为一体的深层意愿。我们在儿童时期的许多游戏都体现出图式 B 的特点。孩子们的目标自然是在技能上实现精通。

你可能会开始把对精通和克己的目标的关注视为一种内在进化的**形式**。在整个生命中,我们通过练习聚焦于精通来实现意识进化。要知道,这是我们生而为人自然想要做的事情。可惜的是,许多人对自己的长期目标漫不经心。然而,如果我们可以系统地使用图式 B,就可以从一开始就聚焦于最有意义的目标,聚焦于实现质变的目标,然后带着笃定的选择前进。

图式 B 案例一：关于讲笑话的内容、结构、流程与形式

儿童发展的例子让我们对图式 B 有了清晰的理解。图式 B 的一个很好的例子就是"如何成为讲笑话的高手"。讲笑话是一项简单的技能，它让我们发现，即使是生活中最简单的事情，也可以作为聚焦于精通的练习。这是一项普遍的技能，几乎每个孩子都曾经学习与实践过，而且大多取得了成功。那么，讲笑话如何体现发展进程中的几大要素呢？我们可以来看图 4.5。

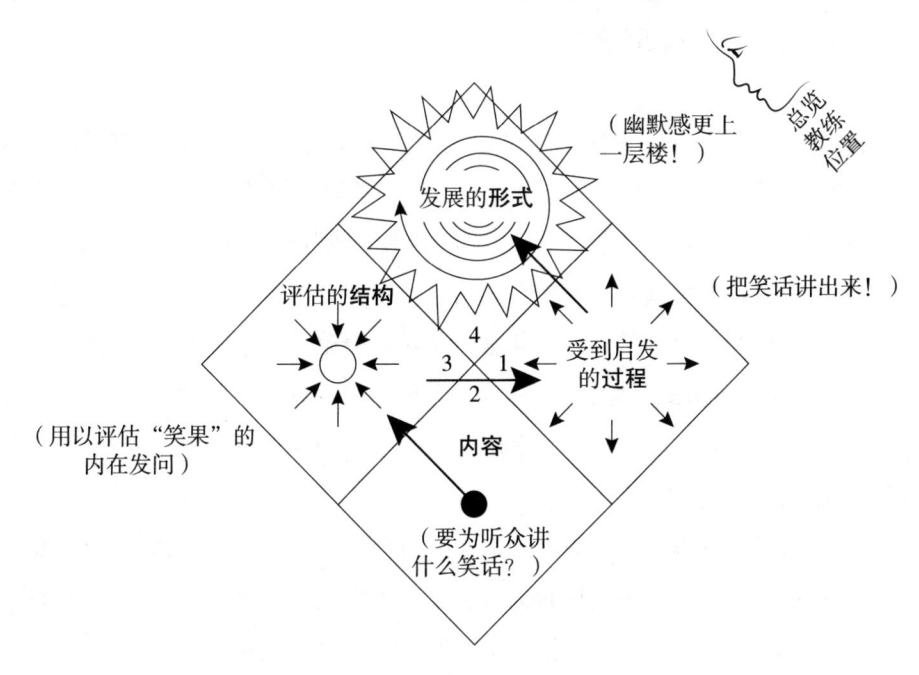

图 4.5　关于讲笑话的内容、结构、流程与形式

成为讲笑话高手的目标如何体现图式 B 的几大要素？我们在四个层次上发展图式 B：

- **内容：** 幽默大师首先需要的是合适的内容。你需要一个合适的笑话。即使是小孩，也早早就在朋友之间学会了这一点。这个过程是如何发展

> 我们为自我发展的各个方面搭建了自我创新的阶梯。我们小心翼翼地建立这些自我评价的结构。

的？有人说了一个笑话。听了笑话的一个孩子想："咦，我是否也有笑话分享给他？"他开始在大脑中搜寻笑话。针对合适的内容的探索始于向内发问："讲什么内容好？现在最合适的笑话是什么？"精彩的讲笑话体验就从这个问题开始。

- **结构**：结合你自己的体验。假设你发现了一个可能很好笑的笑话，接下来你不就会开始研究它吗，哪怕是短暂地研究？我们开始评估它，这样，我们就可以为此情此景、为面前的这个群体很好地组织它的结构！一个幽默大师会为此精心设计：构思一个好笑话意味着规划出"讲笑话"的最佳路径。我们想要构思出最好的笑话结构，用一种押韵的、笑点密集的、强有力的方式讲出来。

请注意，对于任何一种能力来说，我们会逐步设计出一种评估方式，为的是在进程中提升整体能力。（见图4.5中的第三象限，箭头都是向内的。）这表明我们对"最佳"选项的"趋同"。说笑话的人审视着自己的选择。例如，开玩笑的人会问自己"我能说得好吗？"或者"我能记住那个金句吗？"。在这个阶段，我们会提出很多具体的问题。例如，他可能会暗暗发问："这个笑话适合这群人吗？""哪一种方式最好？""或许这对他们来说有点太'黄'了？""也许他们会感觉自己被冒犯了？"你们都非常了解这些内在对话！你会问自己："我能把这个笑话讲给这些人听吗？"

成为讲笑话高手是一个简单的比喻。我们可以从中发现，我们为自我发展的各个方面搭建了自我创新的阶梯。我们小心翼翼地建立这些自我评价的结构。随着时间的推移，我们逐渐汇集各种发现，为的是打磨出最强的笑话评估能力——逐步协调和整合所有合适的选项！我们为逐步完善的评价体系感到自豪，不是吗？

再想想奥运会跳水项目裁判手中的评价标准，即针对特定跳水项目，奥运会跳水运动员们必须严格遵守的标准。跳水运动员们都知道这些标准，并小心翼翼地按照标准进行练习。他们为自己获得更深层的理解而感到自豪，并逐渐将这些理解融入自己的运动员身份中，使其成为自己的内在原则体系的一部分。

让我们再说回讲笑话的案例……在评估结构时，我们正准备把笑话讲出来，尽管很简短。有趣的是，我们还需要在内心激发对所选笑话的欣赏，为获得注意力和发起这个流程提供必要的能量。

- **发起流程**：现在时机到了，你可以开始了！你像奥运会的跳水运动员一样，屏气凝神，正要起跳。

作为讲笑话的人，深度学习的过程不是从你讲出笑话时就开始了吗？现在的你活在当下。你正以最理想的方式激情四射地讲出那个金句！也许这一次，你加重了英国人在天堂门口与上帝说话时的有趣口音！你的笑话引爆了笑点！你正以想象中的方式做这件事！

- **形式**：现在是最后的评估，目的是形成正式的结论。再回到奥运会赛场上，裁判员要给每位跳水运动员打分。每位跳水运动员都会在脑海中回放跳水时刻的内在电影，并回想过程中的每个动作。每个人都试图放大自己的优势，并加以感受。

对你这个讲笑话的人来说，欢笑声为这一切画上了句号。你说出了那个金句，讲完了这个笑话！所有人哄堂大笑，为你的笑话喝彩。现在到了第四步，评估形式。在这一刻，你终于占据了观众的眼睛与耳朵。作为讲笑话的人，你在内在电影中重新评估那些精彩时刻，重新体验你讲笑话时的高光时刻。

就个人而言，讲笑话的人甚至可能会对自己说："哇，我真的可以把笑话讲得很好！我是有趣的人！我是一个很棒的喜剧演员！"讲笑话的人做出了独一无二的创造！"讲"就意味着，和之前讲这个笑话的所有尝试相比，至少有一点不同！在每一次体验中，人们总会发现一些新的东西。

注意这个顺序：我们首先从内容层面开始，然后进入结构层面。在创造的过程中，我们发起了"我做"的动作。在最后完成时，我们再次综合回顾渐趋完善的内在形式。我们正逐渐完善有关精通的模型。

另一个更加精微的层面也在浮现。人类存在的潜能已经以微小的方式发生了变化。当我们在一个领域突破潜能时，未来正在我们身上显现。

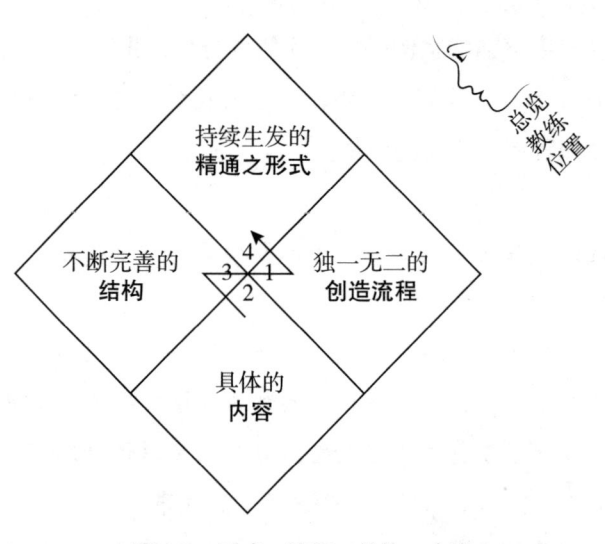

图 4.6 形式、流程、结构、内容

图式 B 案例二：玩积木的孩子

让我们看另一个关于图式 B 的儿童学习案例，这样我们就可以拆解出所有图式 B 学习的核心要素。通过图式 B，即使一项技能的学习才刚刚开始，我们也可以看到学习的重点如何变成精通的重点。邀请你再一次体验一下这些要素。这一次，我们同样选择最简单的案例，并从图式 A 开始进行演示。思维转向图式 B 的过程与图式 A 存在一个差异点。我们将首先从内容和结构开始探索，然后通过以下案例继续探讨流程和形式。

通常情况下，技能在一开始是逐渐积累起来的。达到一定程度以后，足够的练习量可能会突然带来质变。这和水加热到一定程度后变成蒸汽的过程类似。在培养技能的自我发展过程中，一个人从对基本结构的探索进入完全不同的质变阶段。他围绕技能而形成的思考流程完全改变了。

- **内容**：想象一个蹒跚学步的孩子打开了一份礼物。有人送了他一盒积木作为生日礼物。他拿起一块积木看了看，问道："什么是木块？"然后他

对图式 B 的实践始于一次有意识地寻找差异性的探索，从关于搭建已知结构要素的熟悉流程中发现另外的可能性。

开始玩："好的，我拿到了一些积木。这很有趣！"

- **结构：** 接下来，这个孩子会评估他能用这些积木做什么。有人告诉他，他可以把一块积木搭在另一块上面。现在，这个孩子用他的小手，开始重复这个步骤，把一块积木搭在另一块上面。每当积木掉下来，他又把它搭上去。有人教他如何用三块积木搭一座塔，这个孩子又重复这个做法。到最后，这个孩子可以轻松地把一块积木放在三层高的积木上，搭成了四层高的塔。

    记住，对于结构而言，重点是已经形成的运作模式。我们一遍又一遍地重复这个运作模式。我们真正发展的是自我评估的能力。这个过程需要多次重复、不断练习，直到我们完全掌握。我们在前进过程中学会了评估，因为我们比较评估了每一个步骤。我们问自己，也问其他人："这一次做得好吗？"

我们的注意力"集中在运作模式上"，关注、评估并发展思考的结构……就像一个建筑师一样。

对于这个孩子来说，他的问题逐渐形成了有效的评估结构。他问自己："我已经把三块积木搭起来了。我还能搭得再高一点吗？"一开始，他根据别人教的做法进行评估。他一遍又一遍地重复这个运作模式。他问自己："我可以做到吗？"

在练习过程中，小男孩建立起更多的评估结构。每一次，他都会更加了解自己的能力，以便进入下一个阶段。现在，通过强化这些能力，小男孩进入第三阶段——流程。当每个结构都学得很好时，他暗自发展了自己的精通模型。有了搭积木的所有关键能力，他现在能够建立起关于自我评估的比较结构。

对图式 B 的实践始于一次有意识地寻找差异性的探索，从关于搭建已知结构要素的熟悉流程中发现另外的可能性。对这个孩子来说，这意味着向搭建高塔和城堡进化。或许，他学会了如何搭出拱形。

这个孩子是如何成为建筑大师的？关于精通的形式是什么？通过对一套积木的练习，对图式 B 的多次重复发展了他对有意识的创新的关注。随着这个孩子对建筑理念的学习，他对这门技能的精通逐渐就会显现出来。现在，它们可以用来创作许多独一无二的形式，或展现他自己的艺术。这个孩子的思维已经从内容过渡到结构，再过渡到流程，最后拥有了关于精通的思维。

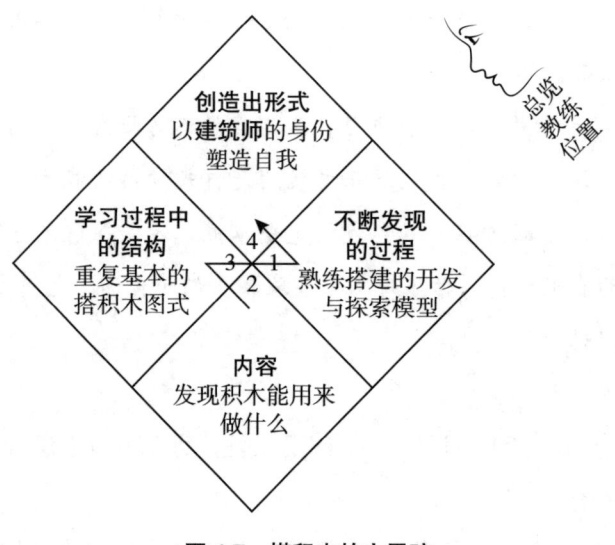

图 4.7 搭积木的小男孩

第二幅图显示了涌现、收敛、发散和整合新事物的过程。这里的步骤是什么？我们看到了通过获取数据而实现的内容涌现，也看到了通过应用所学知识而呈现的对已有结构的收敛。然后，我们在分析新选项的过程中发现了差异，思维开始发散。最后，我们开始将底层模板提炼为聚敛的形式。这意味着，通过对形式的许多应用，我们获得了发现新事物的能力。我们的思维处理进程开始变得顺畅。我们发展了处理新事物的能力。

搭积木的小男孩：图式 A

我们可以将搭积木的小男孩分别与图式 A 和图式 B 联系起来。在图式 A 的思维里，小男孩总是把搭建每一座塔看作一个项目。这个孩子会经历受到启发、实施计划、整合经验和获得满足的过程。这是如何发生的呢？

再次想象这个孩子在玩积木。现在积木已经成为人们最喜欢的玩具。晚饭后，孩子可能会问自己："在晚上听童话故事之前，我可以用我的玩具积木做什么呢？"答案浮现在他脑海中："一座高塔，跟椅子一样高的高塔。我能让它竖立起来吗？"此时，他脑中出现了清晰的影像：一座跟椅子一样高的高塔从地板上拔地而起。

"那我如何能让它达到这样的高度呢？到目前为止，我搭的高塔还只有它一半高。"此时，他脑中出现了一个决定："我要集中注意力，把积木一层一层地搭起来。"

现在，他开始实施他的宏伟愿景，搭一个椅子一般高的塔。随着他小心翼翼地一块一块地往上搭，高塔开始展现出雏形。在半途中，一块积木有点偏离中心，使得整座塔开始向一个方向倾斜。小男孩想："它正在偏离中心。很快，它就会掉下来。我怎样才能搭得更高呢？怎样才能把它变直呢？"

带着新的思考，小男孩移走了几块积木，开始把它们一个个搭起来。同时，他用两只手扶着每块积木，而不是只用一只手。通过这种方式，他提升了精确度，塔也变得越来越高。他屏气凝神，慢慢地把最后一块积木放了上去。现在，高塔建成了，比椅子还要高一点。

"我成功了！我的塔和椅子一样高！"经历过高度专注的紧张感之后，他体验到放松和愉悦。"妈妈，你快看！我造的塔多高呀！"

图式 A 主要是一个量化的学习。这意味着，这个孩子可能会一遍又一遍地重复这个项目。渐渐地，孩子会学会如何轻松地搭建高塔，能力越来越强。这是程序型图式 A（定量）让人实现精通、令技艺日趋精湛的方式。他现在知道如何用他的木块建造一座高塔。

孩子从图式 A 开始他培养技能的第一个阶段。这可能会持续很长一段时间，他可能永远也不会进展到图式 B。一个又一个项目会出现，但不够系统化。例如，小男孩的目标是达到技艺精湛的程度。也许是偶然的，也许是由于有人给他看了一张桥的照片,建造桥的想法可能会成为他的目标,成为一个新项目。从那时起,建一座桥就成了他睡前最喜欢的消遣活动。

搭积木的小男孩:转换到图式 B

向图式 B 的转变是如何开始的?让我们继续以搭积木的小男孩为例。一天晚上,孩子在积木堆旁想到一个问题:"我今晚能用积木做哪些不同的事情呢?"他的思维也转向了既定的选择范围,但仍未确定目标。他的想法涵盖了各种选择和可能性,包括已知的结果,包括不同高度的塔、不同大小的桥及各种由塔组成的城堡。他对自己说:"我可以很轻松地把它们做出来,而且做得非常好。"

图式 B 是如何从过去的既定定量程序中发展出差异性的呢?差异性通常会突然出现,并伴随着让人意想不到的质变。这通常会从一个问题开始:"我如何在这里创造一些全新的东西?"此时,有一种轻微的不安感和对新事物的期待会浮现出来。也许,在这个小男孩的脑海中,出现了一座由 7 座塔组成的大城堡的图,然后他就着手去建造它。在一段时间内,熟练的建筑者在搭建笔直结构时的那种轻松感消失了。其中有一座塔被移到了一边。或许,积木要一块接一块地搭在一边。这座塔很快就要向一边倾斜了。

现在,在好奇心的驱动下,这个手法娴熟的建筑者正朝着意想不到的方向前进。他不再尝试按照以往的方式让高塔重新恢复平衡,而是转而思考新的可能性:"我如何搭另一座塔来保持平衡,让它看起来更漂亮?"他沉吟片刻,一个打破常规的想法出现了:"为什么我不试着在另一边搭一座完全相同的斜塔来保持平衡呢?"他开始认真考虑这个想法,经过一段时间的专注,一个全新的、意想不到的事物开始出现。它不再是一座笔直的高塔,也不是一个有着垂直墙壁的城堡。这里出现的是什么?

他创造了一种新的形式,一个顶部有角度的拱门,其顶部呈现出完美的圆弧状。"妈妈，你看我做了什么？"

"一个哥特式大教堂！"

"它中间是空的。我现在可以用许多排积木做一个。也许可以用它来存放我的玩具。"

带着强烈的满足感，小男孩在进一步探索自己的能力边界，开发新的流程。受到鼓舞，他继续自己的探索，开始发现自己可以造出很多东西。"我会建造塔和桥，我现在还会建造哥特式教堂！""我可以让不同的积木保持平衡，这样我就能做出许多有趣的结构。"

他的能力在不断增强，同时也发展出创新的能力。于是，他每天晚上都会问自己："今天我想探索什么？"他开始把自己搭积木的高超技能运用于搭建各种各样的建筑物。

这个孩子的思维发生了令人意想不到的质变。这就是图式 B 的精髓。

让我们总结一下这个聚焦于流程的步骤，看看它如何指向精通的形式和流动状态。

- **流程**：我们在这里用流程这个词来描述具有创造力的一系列行动，而不只是简单的、程序性的技能培养步骤。人们通过按部就班的练习实现学习增量的累积，将这些累积与简单的实验相结合，直到与富于想象力的新形式结合起来，由此产生了转变。作为一个建造者，孩子的自信心也达到了更高的水平。他已经成为一个流程思考者。带着创造力、兴趣和好奇心，他继续自己的探索之旅。他想知道，自己是否可以完成一个更加艰难的任务，然后又一头扎了进去。

- **形式与流动**：从某个点开始，孩子放下了积木，拿起了新玩具。他进入了下一个阶段。他想要将自己的建筑策略迁移到另一个领域。他走出了自己的能力边界，将他的过程带入另一个能力领域。

下一个关卡出现了！他的创造潜能让他启动了。他意识到自己已经成为一个真正的建筑师——尽管是一个新手！他建立起一种新的身份，发起了突破能力边界的新体验。而且，他可以用不同的材料，以不同的方式来搭建。于是，他开始依据一个建筑师的标准来检验自己。

让我们通过图式 B 的镜头重新审视一下这些步骤：

第一步，内容：出现新的想法。一开始，孩子只知道积木可以用来做什么。整个经历与获得新认知有关。对内容的关注让我们开始探索。

第二步，结构：在结构方面，我们一开始只是从已知的结构中调取既定的运作模式。这通常包括对图式 A 一遍又一遍地重复。孩子通过练习来学习评估，学会把积木堆起来。他一次又一次地做类似的事情。通常，在结构化思维中，我们遵循别人的规则来评估"完美程度"。首先，我们进行是或否的评估，要么喜欢它，要么不喜欢它。我们会问自己："这是好还是坏？我们搭积木的方式是正确的还是不正确的？"这个阶段可见于左侧的第三象限，主要是学习以前的做法，并已经建立起"正确的步骤"。

第三步，流程：当一个人足够信任自己的结构能力，开始专注于"下一个层次"的问题和创新的流程时，他才开始用图式 B 进行思考。小男孩发现他可以建造桥梁，也可以建造大教堂。他正通过这些创新形成他的构想能力。他正在发展自己的审美，以便做进一步的探索。他问自己："接下来，我还能做什么？"他对探索能力边界的过程感到兴奋。

请注意，在图 4.5 的第一象限中，箭头都是向外的。我们启动了许多不同的事情！你还记得学习旅程中类似的体验吗？在那里，你体验到激发天赋潜能之后的豁然开朗的兴奋。此时，你希望进一步深入探索。

第四步，脑海中有了形式的概念，我们放松下来，将所有认知汇集起来，感受到自己内在的胜任力。我们把所学和经验结合起来，以求更进一步。我们可以将自己的学习系统化，并将自己的思维提升到其他更有力量的范式中。或许，这个孩子会迫不及待地玩起乐高来，因为他认为自己知道建房子的创造性流程。（关于内容、结构、过程、形式和能力发展的方式，请参阅第一辑的附录 B。）

我们正在建立精通的标准模型，借此，我们激活了整个人类的潜能。只要有一个人发展出这种内在形式或流动的能力，它就可以被其他人复制。

图式 B 案例 3：实现教练技能的精通

你可能会注意到，图式 B 是一个绝妙的系统，人们可以通过它学习如何很好地了解自己的探索过程。现在，让我们以教练技能等专业技能为主题。让我们列出具体的学习步骤，帮助教练们的思维从图式 A 转换到图式 B。

首先，涌现（图式 A）。新手教练首先需要区分什么是重要的学习内容及其为什么重要。教练们必须先辨别新学习领域的不同维度，然后找到自己的学习途径。初学者真的需要了解什么是教练。为什么你需要学这个呢？

第二，收敛。新手教练需要按照图式 A 的标准路径，从具体步骤和流程开始学习。他们先按照规则，练习他人演示和描述出来的运作模式，并根据已知模型衡量自己的学习成果。他们遵循"正确的流程"进行整合和实践。

第三，发散。新手教练的训练已经达到一定程度，他们可以在不同情况下对不同的人进行教练。现在他们可以以自己的方式进行创新。这就是图式 B 的流程思维的起点。他们开始探索各种方法并交叉使用它们，发现新的呈现方式，支持他们完成特定目标。他们变成富有革新精神的人。

第四，达到精通。他们将自己的技能应用到另一个领域，比如会议管理。他们将习得的形式放进全新的场景中，以创建出新的范式。现在，他们知道自己是技艺精湛的教练。他们已经完成了从"我有"步骤到"我做"创新，再到成为大师的全过程。

学习区：于内在发展"我在"的形式

什么是形式或流动？逐步展现的形式与为我们的生活建立一个磁场有关，该磁场比任何结构性要素更大、更广阔。在以实现精通为目标时，我们也在挖掘更深层次的潜能，开启自己的天赋。我们正在建立精通的标准模型，借此，我们激活了整个人类的潜能。只要有一个人发展出这种内在形式或流动的能力，它就可以被其他人复制。如果这对任何地方的任何人都是可能的，那么它对每个人来说都是可能的。

每当我们发起新的挑战、培养新的能力时，我们就在进一步拓展潜能，让自己变得更强大！这是更深层次的"成为"。这意味着什么？我们总是在不断地学习，不断地自我更新与迭代。

让我们回到讲笑话的简单结构来解释这一点。在讲笑话的案例中，有些东西随着我们的实践和学习而发展起来——甚至是不属于个人的东西。我们可以让它变得更针对个体。我们可以说："快看看我，我正在成为一个幽默大师！"然而，除此之外，我们的努力还带来了更多好处。我们可以把这种发展当作：提升了全人类的幽默感！基于最初那一个人的努力，现在更多人可以习得幽默感。在一个小小的领域中，人类的天赋之门被打开了。

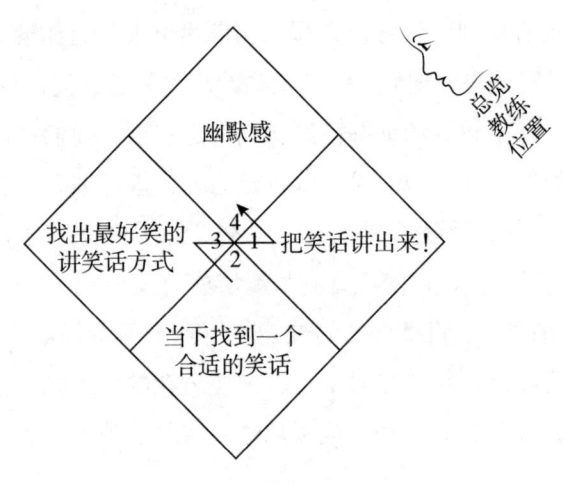

图 4.8 培养幽默感的秘诀

真知的引爆点

想想对你来说很重要的精通领域。针对你内在的学习进程，你会注意到什么？你自己的努力是否被发展或延展为特定的知识领域？这对所有学习者来说都是一个重要的问题，因为每一次尝试都会激发出一股吸引力，最终凝聚成一个引爆点。

> 只有你自己,才能选择创造更大的游戏。

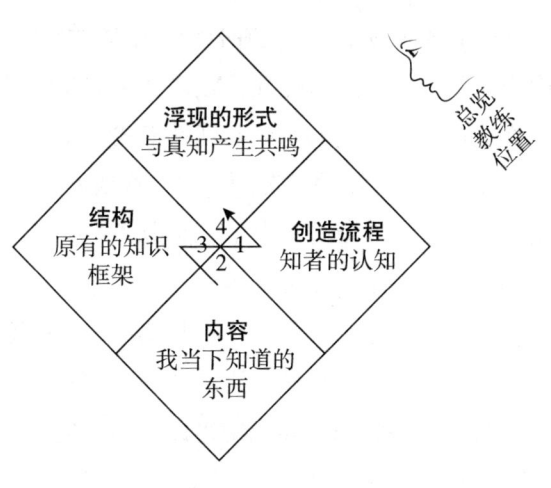

图 4.9 让真知变得真实

　　这个领域是通过我们每个人的努力发展起来的。如果我们自行发展出一个技能组合,它也会在各个地方发展起来,成为更容易为他人学习的一种才能。这不是专属于个人的,而是我们周围每个人可以共享的财富。可见,一个人的努力为所有人指明了道路,你可以称其努力的过程为英雄之旅。我们也可以称其拥有领导力天赋。每个人都会因一个人的远见和勇气而受益。

　　只有你自己拥有强大的目标,才能为你证明图式 B 的精通真实存在。只有你自己,才能选择创造更大的游戏。如果你发现学习让你感到快乐,就会注意到,自己正在使用图式 B 进行思考。依照图式 B 进行的学习让人感到深深的满足!

大师游戏:聚焦于内在形式

　　当我们注意到真实的形式与流动时,我们就实现了精通。你会注意到,轻松与喜悦是一种自然的转变。

　　你是否注意到,有些能力似乎是你自己非常基本的一部分,让你变得更有活力?我们生活在一个自然的共振系统中。它的存在超越了特定的才能,并成为我们欣赏自己与他人品质的一种觉知。这种觉知在我们的一生中不断发展。

我们关注什么，就会获得什么。

我们在一些人身上看到了这些品质，也能在自己身上感觉到它们。

我们可以在内心承认和宣告这些品质。在发现它们时，我们看到它们显现在我们的行为中。你能逐渐认出它们，将其视作形式中正确的内在品质。当我们认识到这一点时，我们就会看到内在美的存在，看见更深层次的生命。

我们关注什么，就会获得什么。渐渐地，它成为一个指向精通之路的内在向导。在内在发展的"形态发生"或形式生成的层面上，我们可以意识到自己正在发展某些东西，也可以称之为"做一个更真实的人"的形式。奥运会跳水运动员逐渐成长为一个伟大的跳水大师。讲笑话的人成长为非常幽默的人。由于我们聚焦于精通的目标，特定的智能系统得以继续发展。我们甚至以同样的方式产生了与"善行"或"上帝"相关的观念。

人类所有潜能的形态场，正通过我们自己的努力，逐渐向越来越多的方面发展。渐渐地，我们改变了精通的内在模型。我们的学习区自己就会扩展！它的形态在变化！它会生成自己的形式！这就是"形态发生"！ 3

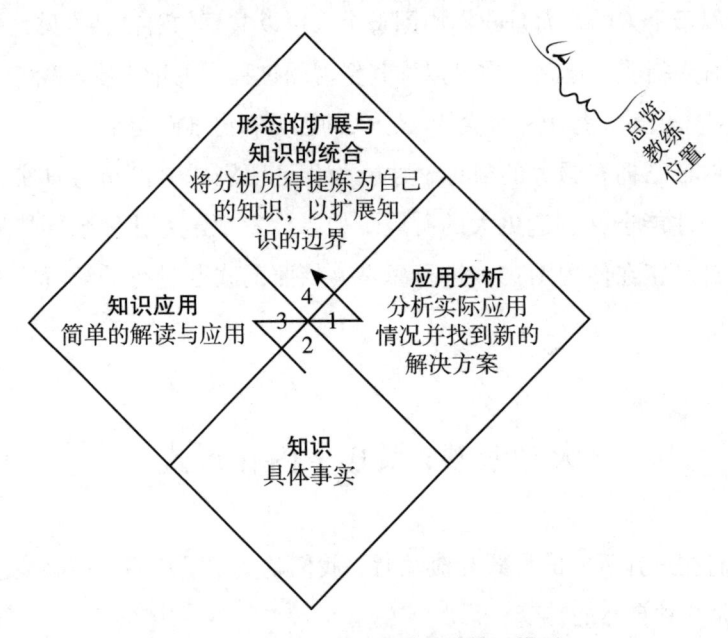

图4.10 知识与学习过程的精通模型

这意味着你个人的学习进程发展和深化了我们所有人永恒的存在品质。这就是所有思想鲜为人知的内在生命！

探索智能领域

什么是智能领域？你们可能还记得柏拉图的例子。他在雅典时期就曾设想一个精通模型。他描述了一种形式——智能的存在本质——它是每个人类思想的核心。

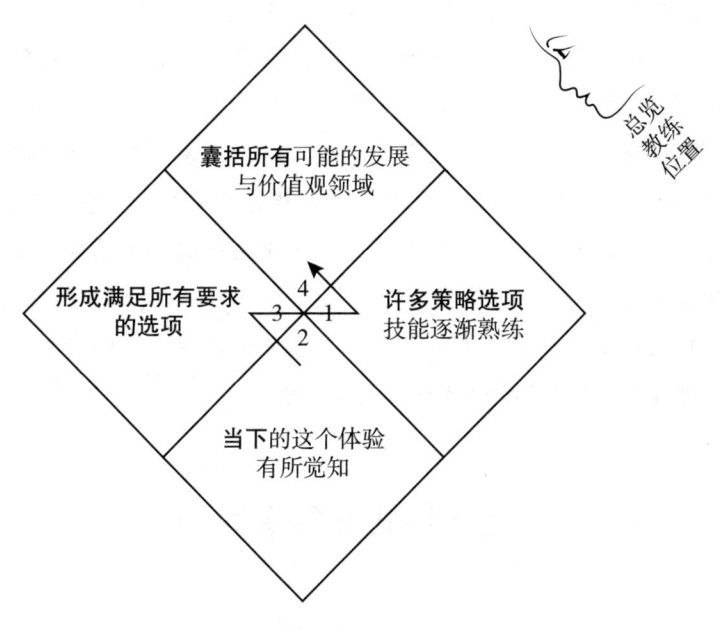

图 4.11　精通的内在模型：扩展智能领域

通过努力，我们发现了一种非常有力量的探索形式。这种形式吸引了我们的注意力，并将随着我们的实践继续发展下去，即使是一次跳水、一次教练对话或一个讲出来的笑话。每次尝试都会变成整个领域中的一部分表达。

1954 年，罗杰·班尼斯特打破了世界纪录，在 4 分钟内跑完了一英里——这是技能发展的一个很好的例子。你听过这个故事吗？在罗杰·班尼斯特最终突破极限之前，没人能在 4 分钟内跑完一英里。这个突破改变了每个人对"跑步大师"的认知。有人会说："天啊！如果他能做到，我也能！"在接下来的一年里，有多少人打破了 4 分钟内跑一英里的纪录？一百多人！罗杰·班尼斯特的突破强有力地唤醒了人们的潜能，完全改变了跑步界的发展轨迹。

045

精通之路

让我们来总结一下实现精通的发展进程。

- 一旦我们意识到自己能做什么，我们就在发展技能本身。我们在深层次上改变了它，也拓宽了整个世界的技能边界。我们对这一技能的理解达到了新的层次。
- 不妨称之为形态发生转变或形式转变。这意味着我们已经启动了一种新型智能的创变。我们将下一个层级的新能力"融入"整个人类系统中。
- 人类的天赋将开始以不同的表达方式一次又一次地被展现出来。我们正在激活一种形式或一个能力场。于是，其他人更容易取得同样的发展。
- 无论我们在下一个层级发展了什么，都不会回到过去的老样子。参见第二辑的附录2"设计精通游戏：大师之旅"。

更多图式B的案例

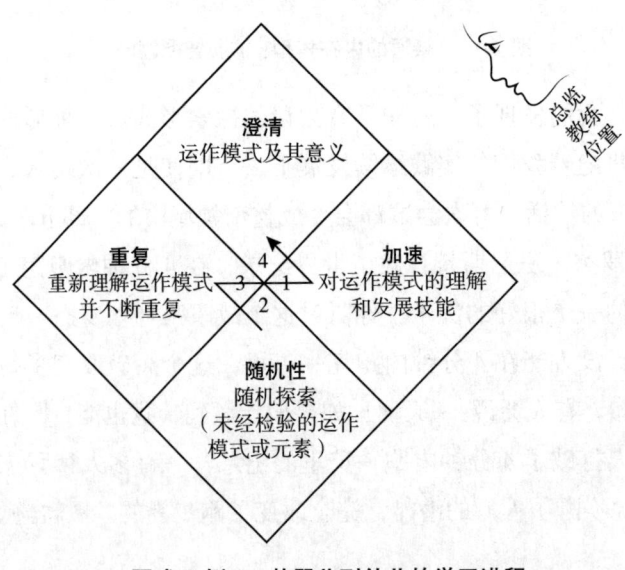

图式B例1　从婴儿到幼儿的学习进程

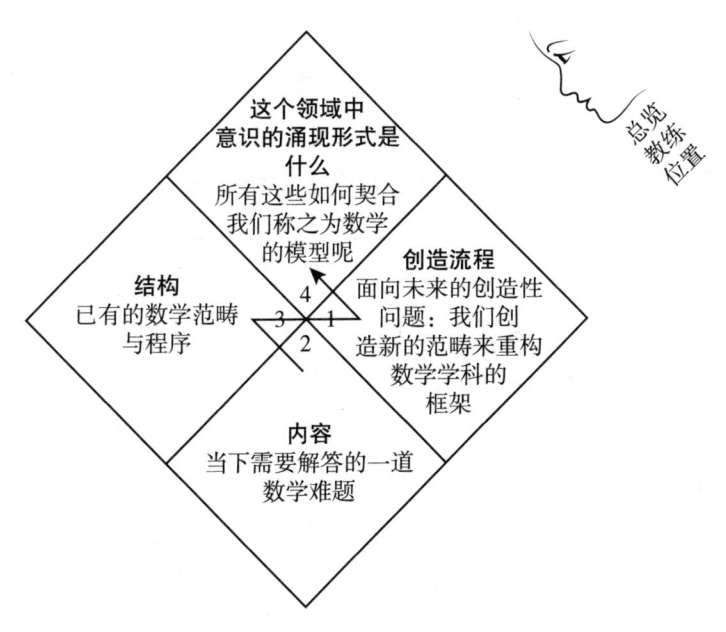

```
         这个领域中
        意识的涌现形式是
            什么
         所有这些如何契合
         我们称之为数学
            的模型呢
                         创造流程
    结构         4      面向未来的创造性
  已有的数学范畴   3  1    问题：我们创
    与程序         2     造新的范畴来重构
                         数学学科的
                            框架

               内容
           当下需要解答的一道
              数学难题
```

图式 B 例 2　学数学的内容、结构、流程和形式

图式 B 的内在游戏：智能的形式与领域

内在游戏设计

通过图式 B 的不同例子，我所描述的可以被称为发展式学习的内在步骤。它包括习惯养成和自我超越的步骤。在理解这些步骤后，我们便能够更有效地利用它们，并在脑海中创造出更大的游戏。和任何一种发展性学习一样，自我超越的游戏用的是完全相同的"学习阶梯"。"超越涌现的阶梯"是真正的阶梯。我们正在创造一个开放式的学习阶梯。而且，这个阶梯变得越来越"开放"。（见第二辑的附录 6：开放式问题线。）

请注意：第一，在图式 B 中，我们最开始的目标只是发现能力领域的内容；第二，探索能力领域所涉及的结构；第三，深入探究拓展流程，找到拓展

> 我们从一些小的步骤开始，然后继续整合学习的各个方面，直到我们注意到某些事物可以催生新的事物。

的内在学习策略；第四，通过整合这些步骤，超越并发展到游戏的另一个层级。实现精通的目标要求我们将注意力投注于一项技能的内在形式的发展。

我们可以使用一个简单的四象限图来发展图式 B 的思维，从而可以探索任何一个能力领域。首先，我们想象这些阶段，看到自己正在最大限度地发挥自己的潜力。我们看到自己的思维从内容转向结构，再转向流程，最后进入内在形式的自然秩序中。然后，我们使用四象限图来进入和感知这些阶段。

图式 B 实际上是通过一个自我进化系统来实现精通的。我们从一些小的步骤开始，继续整合学习的各个方面，直到我们注意到某些事物可以催生新的事物。我们发现了一个智能领域，并探索如何成为其中的一部分。然后，我们找到了其中的乐趣，投身于这个领域，看着它逐步展开。

我们在探索创造流程中的舞步。通过提升探索的意愿程度，我们发展精通的形式。我们发现的不仅仅是如何跳舞，还有跳舞时的那份"存在感"！这就是"我在"（being）的意义。我们在内在找到这块地方，并建设它。第一，我们描述它；第二，进行体验和评估；第三，规划和推动创新；第四，将其发展成自行迭代的、强有力的发展体系。我们铺设轨道，然后驾驶火车，完善体系，最后享受建设整个交通系统带来的便利。

在做自己的内在工作时，我们也会在每个领域中获得整体性的体验。俗话说，条条大路通罗马，但前提是我们要把罗马纳入自己的关注范围。我们可以从图式 B 和学习某个领域的具体内容开始，然后逐渐聚焦于一个更大的系统。所有方面都要整合在一起。真知的任何一个面向都可以帮助我们领悟到这一点，包括最深刻的觉悟。

图式 B 的步骤：内容、结构、流程与形式

以下是供你尝试的精通练习：选择一项技能，通过图式 B 描述的四个学习步骤来检验它。让我们来总结一下创造更大的游戏的四大关键要素：

- **在内容层面**，我们聚焦于最初的想法，即特定计划的最初起源。

- **在结构层面**，我们聚焦于掌握方法，为的是高效执行初始程序。
- **在流程层面**，我们开发新的精通路径。这是我们开始行动的地方。我们启动自己的创造进程，积极地行动。我们在生活的足球场上奔跑！我们满怀激情地追球和传球！
- **在形式层面**，我们在所有步骤中激活教练位置，以探索整体的深层意义，探究正在整合的真知。

接下来，按照以下步骤逐步探索：

- **内容和结构**。选择一项你已经驾轻就熟的技能，从头开始进行探索，分别留意图式B的四个方面。例如，如果你是一名经理，你可能会想起与员工的一次互动。你可能会想起，你与某个员工曾围绕某项任务进行过一次关键对话。有那么一刻，你们提出了关键的问题，由此进入了创造性流程。
- **在这个过程中**，创造性的关键的"下一步"变得清晰了。此时，对方的投入度更高。你们激活了一个新的愿景，并细化了通往下一个层次的步骤。聚焦于精通意味着我们了解实现精通的关键步骤，并带着明确的意图，一次又一次地投入其中。

第五章　图式 C：连通思维内核

现在，让我们探讨图式 C——连通思维内核。图式 C 的流程会赋予我们力量，因为我们人类喜欢看到思想和形式之间的对称性。它吸引并推动我们的感知超越"小我"的思维。它抓住了我们的好奇心，把我们的注意力吸引到整体性上。

图式 C 关注的是内在整体性之美。我们用一个平衡系统来创造焦点，帮助我们寻找内在的一致性和意义。当结构与内在形式相结合时，我们自然会发现美并沉醉其中。图式 C 激活了我们对美的感知，也激活了有意义的内在现实，或者说是让我们带着发现美的眼光，欣赏一个我们身在其中的平衡系统。

我们发现自己会被平衡的视觉图形所吸引，它们通常结构规整、内部对称。我们既要抽离地观察系统，又要投入地感知。我们体验到内在的一致性。我们会对一个结构规整的形状产生共鸣，因为我们看到视觉图形时，会在体内感受到收缩与延展。这是因为平衡的图形将我们从中心拉到边缘，再将我们拉回来。我们对"形式的内在意义"所体现出来的连贯性和对称性产生了共鸣。这意味着什么？这意味着，我们的注意力从细节转移到全局观，形式本身也在发生变化。我们体验到美的存在。请看下面的图 5.1 至图 5.7。

任何漂亮的图式 C 的视觉图形都可以带来美感，比如古印度的室利延陀罗图、曼陀罗、佛教的金刚杵、中国的易经符号和各种各样的爱尔兰凯尔特结。我选择了同样强有力的菱形来展示各种内在一致的四象限系统。

感受下面的那几个图形。像这样平衡对称的图形往往会让我们感到内心愉悦。我们会体验到扩展、收缩，然后再扩展——就像手风琴一样！当我们从全局视角到局部视角，再回到全局视角时，这些图形好像自己就会移动。此时，大脑的左右半球产生了连接。站在一个强有力的视觉图形面前，我们能感受到力量，甚至身体也会有感受。

对称，就像美一样，对我们这些感知者来说很重要。图式 C 会带来一种向一致性靠拢的磁力，让人暂时超越对个人思维的认同。我们的注意力从局部的细节切换到全局的总览，看见表达生命意义的全新方式。这意味着图式 C 通常是宗教艺术和美术设计的核心所在。

图 5.1　印度的室利延陀罗图

图 5.2　佛教的金刚杵

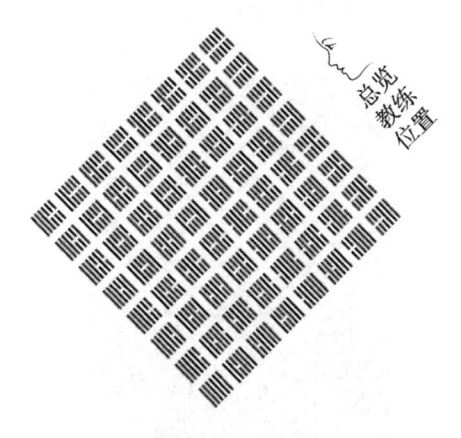

图 5.3　易经符号

图 5.4 两种凯尔特结

图 5.5 品牌标识图例

图 5.6 活化氢的图像

图 5.7　内在的神性点

图式 C 的结构：引发共鸣感

图式 C 系统不是一张"路线图"，不会把我们带到一个特定的目的地。我们通常不会用它来"做"什么，而是把它视作整体性的结构化愿景。然而，有意思的是，通过观察这个系统，看到我们面前的曼陀罗符号或四象限形式的美与完整性，我们确实用它"做"了一些事情！

图式 C 图像具有美感的设计变成了我们内视觉的锚点，激活了我们内在的共鸣系统、真相系统。通过它，我们开始真正地"连通思维内核"。我们探索内在的中心视图，并观察它所唤起的内在运动。我们想知道"这一切的意义"。中心点吸引着我们。三个方面的生命力都呈现在我们的眼前：

- 整个系统
- 内在运动
- 教练位置

这启发了我们的创造性意识，也给我们带来了深度参与的体验。注意力的中心点正是印度人所说的"神性点"，即创造点。

当我们由衷欣赏某样事物时，它就会成长。

当我们用一张有冲击力的图来激活大脑，而这张图展示了一个由四个部分组成的"核心觉知系统"时，它也激活了我们大脑中理解这种形式的更大背景的那部分脑区。我们认识到它的核心动力。我们在自己的感知区域中对其有所感知。我们发自内心地欣赏它！

我们真诚地响应一个形式优美的系统的内在完整性，然后延展感官上的意识，把整个系统当作实际存在的事物来感受。通过这种方式，我们可以将对美的核心价值观体验直接与神经系统相联系。

欣赏的四种品质

回想一下第二章的第三条法则，即通过欣赏实现发展法则。当我们由衷欣赏某样事物时，它就会成长。

欣赏是一个有多重含义的词。通过尝试将其变成现实，我们以多种方式欣赏一个系统。我们正在学习四种图式，每种图式都以四种不同的方式欣赏生活。

1. 对于我们的第一种成长图式——图式 A，我们的欣赏是个人的。我们感觉到动力系统——意图的引擎——足以创造出个人的成就。我们"训练"自己专注于手头的项目。

2. 第二种欣赏方式——图式 B，先为新的成长积极地"铺设轨道"，然后进行探索，发展我们的能力，向身体的、关系的、创造性的和精通的广阔疆域进行延展。图式 B 让我们可以非常积极地欣赏我们的成长潜能。

3. 第三种欣赏方式——图式 C，来自对一个优美而完整的系统及其内在意义的简单认识。它可以提升我们的直觉力，让大脑迸射出许多创意。因此，它可以为探索性思考提供强有力的背景。在本章末尾，你会发现一个练习，它能让你体会几何对称的图式 C 如何帮助你连通思维内核。

内外在形式相互映衬。我们看到了一个精通系统的完整疆域，包括最开始铺设的"火车轨道"及其方位，然后是驶向更广阔疆域的新轨道的开端。有了清晰的感知，我们可以由衷地欣赏整体系统；也就是说，有了图式 C，我们可以欣赏整体!

4. 我们的第四种欣赏方式——图式 D，让我们可以基于以上发现，进一步创造性地扩展整个交通系统。

图式 C 的例子

图式 C 示例 1：四叶草流程

你们当中那些学过"教练的艺术与科学"[4]的人——不管在世界上哪个地方，都知道这个四叶草流程。这也是图式 C 的一个例子，一个用四象限方法来秉持核心价值观的实际应用。[5]

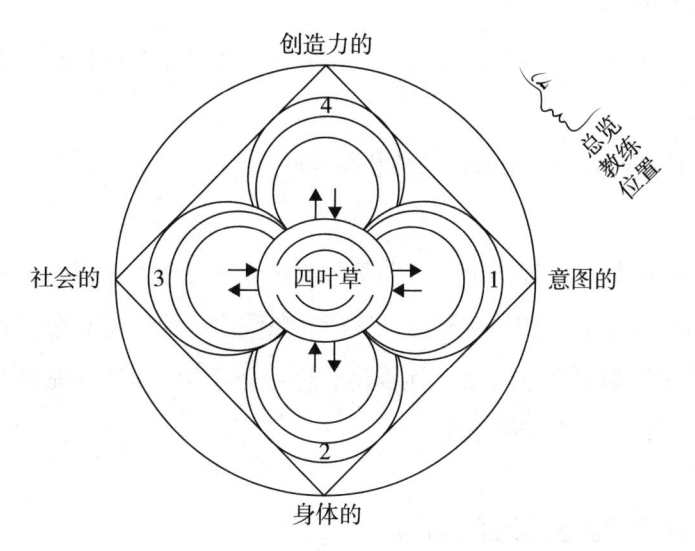

图 5.8 价值观欣赏的四叶草

四叶草流程可以让我们激活身体的、情感的、意图的（面向未来）和精神（面向更深层的意义）的核心价值观体验。我们可以把四叶草图当作一个提醒，激活和映射这个内在的共振系统。

优美而平衡的图式 C 有多种练习方式。通过图式 C，人们可以对核心价值

055

> 扩展平衡感的四象限图形鼓励人们以一种非常个人化而又相互关联的方式探索自己的核心价值观，超越内心的困境，走向有意义的整合。

观觉知保持稳定的教练位置。它支持人们连通思维内核并有所领悟。扩展平衡感的四象限图形鼓励人们以一种非常个人化而又相互关联的方式探索自己的核心价值观，超越内心的困境，走向有意义的整合。图 5.8 强调的是人们对核心价值观思维的平衡探索。

当人们探索内在意义的特定领域时，人们可以使用图形来保持内心的平衡，发展和观想一致性，让内心就像池塘里的涟漪一样，轻轻地向外振荡。每当激活核心价值观意识时，我们的神经系统就会产生深刻的共鸣。

这个练习怎么做？其中的关键要素是什么？

- 四叶草练习的关键要素包括，通过思维地图，将生命发展的四个象限——身体的、社会的、创造力的和意图的，与内在的情绪感受、内视觉和身体感知联系起来。
- 我们逐步为其添加色彩，表示内部平衡。我们用光和色彩来连接有意义的体验。
- 我们观察到从中心向外振动的整合延展。

将实相映射到思维地图上，有助于价值观在所有相关领域内扩展，这样我们就可以有意识地将这些体验"融入"所有象限中。我们将对愿景的体验与身在其中的价值观体验联系起来，逐步建立起一个可看、可感的完整性系统。这就好比领悟了良善或上帝的本质。

图式 C 示例 2：全方位的逻辑层次

逻辑层次金字塔为我们提供了强有力的图式 C 体验，与四叶草流程截然不同。不过，如图 5.9 所示，通过有层次的提问，它同样可以用来引发内在的学习。

图 5.9　逻辑层次金字塔

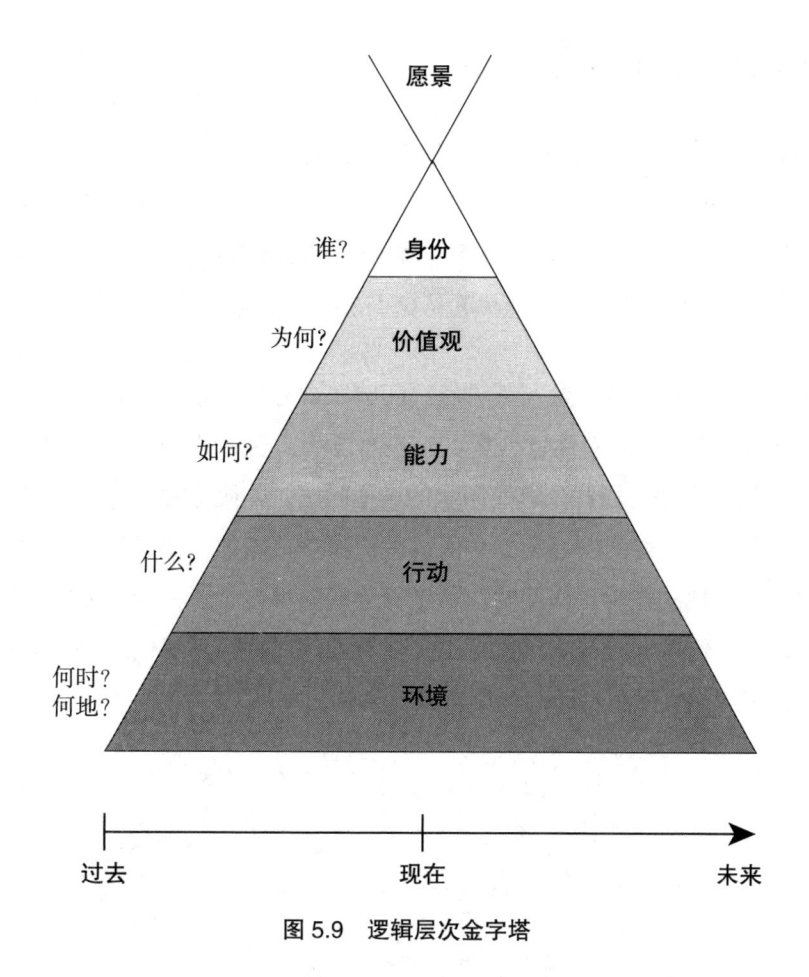

要完全理解逻辑层次提问法，请参阅附录4"思维的逻辑层次"，你将在那里看到关于逻辑层次更全面的描述。如果你可以使用逻辑层次来提问，就可以为自己的生活或任何项目设计不同象限和不同层次的问题。

如果把五大逻辑层次问题与觉知四象限（意图的、身体的、社会的和创造力的）联系起来，我们就可以获得一张促进发展的问题地图。在这张地图上，我们可以同时在四个象限中提问。[6] 示例如图 5.10 和图 5.11 所示。

对于许多读者来说，这张地图马上就可以使用。图 5.10 和图 5.11 显示了这张地图的两个图形化版本。

因为人类是在空间中思考的，所以我们喜欢清晰的视觉系统，比如以这种平衡的形式呈现的逻辑层次问题。

可能提出问题的领域包括：

- 第一，从第一象限开始，形成创造的意图；
- 第二，在第二象限探索身体及其不同的敏感程度，获取更深层的信息；
- 第三，在第三象限，探索关系和与他人连接的感觉；
- 第四，在第四象限，继续扩展显现出来的深层意义。

在这四个核心领域中融入逻辑层次问题非常有启发意义。你可以很轻松地将这些问题转化，打开对你自己重要的关键领域。参见图5.10和图5.11中的图式C。（在附录7中可以找到这些问题的其他问法，方便练习。）

因为人类是在空间中思考的，所以我们喜欢清晰的视觉系统，比如以这种平衡的形式呈现的逻辑层次问题。每个有趣的图都显示了在四个方向上探索的可能性，让我们倾向于深入了解自己，看看这些图如何对我们感兴趣的重要领域发挥作用。你可以用自己的项目来进行尝试。

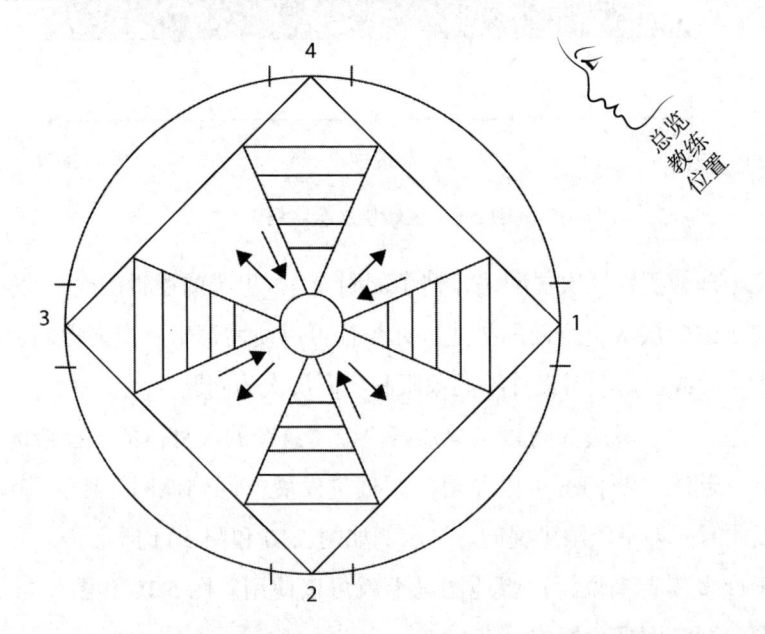

图5.10　同时出现在四个方向上的逻辑层次：设计平衡计分卡

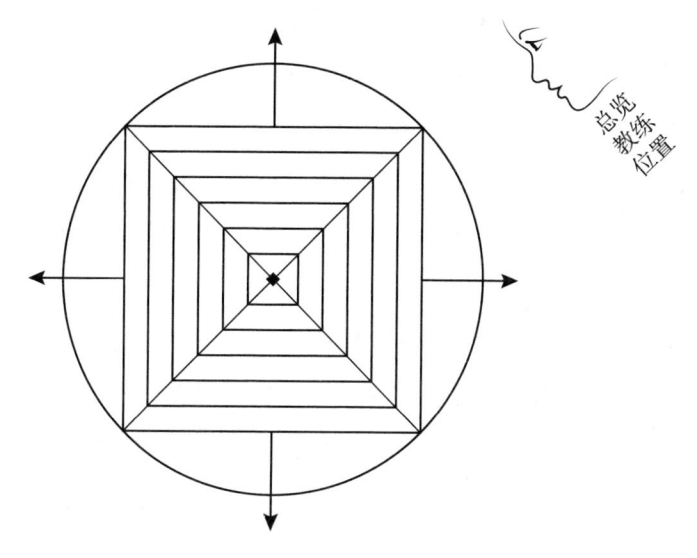

图 5.11　同时向四个方向扩展

只要你画出一张由四个逻辑层次金字塔组成的平衡地图，画出内部和外部的教练位置，你就获得了一块"罗塞塔石碑"，即一套可以深入探索多个内在觉知领域的工具。

人们对包含视听体验的、寻求意义的方法深感好奇，会通过逻辑层次问题来探索每个象限。这就激活了动态的内在连接。

如果你能够平衡自我觉知的四个关键领域，与逻辑层次问题结合起来，就很可能实现整合。我们可以用它来认识有意义的知觉的整体性。当你用一个项目来测试逻辑层次问题（见附录4）时，注意会发生什么。我们可以用它来扩展和探索不同的内在"智慧阶梯"，每个阶梯都体现出不同方面的思考。

当你将逻辑层次问题和四象限结合在一起时，你便能够创造出四个项目框架，展示出完整的指南针矩阵。这个系统变成思维的"速写"，让思维跃然纸上，从而更加开放。你可以用这个系统来探索生命发展中的许多层次和面向。

这如何发挥作用呢？使用这张图，围绕着你的项目，你可能会想到哪些问题？为它们绘制一张问题地图，然后亲自开始探索。

试一试吧！现在，请注意让你感受到惊讶或欣喜的完整性区域。请注意区

图式 C 的力量之一是，它能够帮助人们更深入地了解自己内在的真知，特别是了解生命平衡的觉知如何为人们带来影响。

分悖论和出现的差异性。在日记中写下你的发现。例如，当你使用思维地图帮助自己进行关系—情感领域的逻辑层次探索时，会发生什么？你可以用它来问关键的发展问题。例如：你从伙伴关系中学到了什么？（试着在关系发展的某个具体话题上尝试这个练习。例如，你可能会想要了解你和你的伴侣在养育孩子方面需要具备什么条件。或者你可以深入了解，你的陪伴当前支持其他家庭成员活出怎样的价值观。）

同样，看看那些促进"物质身体"健康发展的关键问题。当你开始探索身体上的觉知时，你便打开了基本的身体感知，包括视觉、听觉和动觉。每个象限都会有相应的发展式问题，帮助你触及内核。当你深入探索时，你可能会继续发现越来越精微的元素，如动觉音乐或视觉艺术，就像第一辑第一部分中描述的那样，这对你来说像什么？

继续激活这四个象限，并用生活中的不同项目来测试它。当你把逻辑层次问题与四象限结合起来，变成一张平衡计分卡时，这会给你在这四个象限的探索带来什么价值？

图式 C 示例 3：幸福与成功的平衡系统

图式 C 的力量之一是，它能够帮助人们更深入地了解自己内在的真知，特别是了解生命平衡的觉知如何为人们带来影响。曼陀罗也是图式 C 的一种呈现方式，在某种程度上激发了人们对内在平衡的兴趣。我们接下来的主题——幸福与成功的平衡，就是一个很好的例子，描述了如何使用图式 C 来感知内心的平衡。同样，我们通过图中幸福与成功的四个关键领域的度量尺，衡量自己在不同象限所处的位置，以此来进行观察和感知。

仅仅通过观察图式 C 的平衡计分卡的四个度量尺（例如从 1 分到 10 分的满意度度量尺），人们往往会对如何在所有领域中获得"更高水平"的幸福与成功感到好奇。

这很像我们听到充满活力的音乐时的体验，或是看到令人叹为观止的自然景观，如美丽的日出日落时的体验。当我们向内与它深入交流时，放松的感受可以进一步扩展觉知，同时促进内在的全方位延展。通过在外部探索并对自己能达到的更高的层次保持好奇，我们感受到内在的一致性。在这个过程中，我们也学会了保持教练位置。

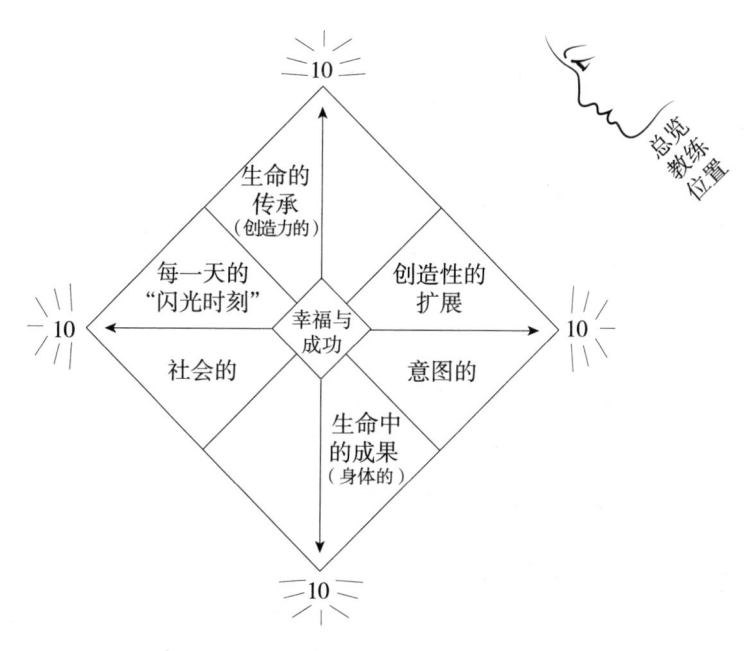

图 5.12　幸福与成功的四个方面：四个象限的平衡计分卡

有了面前这张清晰而平衡的图，我们可以为自己思考提高生活幸福指数的方法。参见附录 5 中幸福与成功练习的具体例子，了解如何做这个练习。

我们总是可以用不同的方式来衡量幸福，向内触及心—脑的核心，或向外对全世界表达自我。最终，这两种表达是相辅相成的，我们可以把它们作为一个整体来体验。当我们这样做的时候，我们是在连通思维内核。

图式 C 带来的是一种对完整性的视觉吸引力，一个稳定的"展示和讲述"的视觉框架。例如，幸福与成功的四象限为我们带来了自我教练的机会。教练们经常向他们的客户展示"幸福与成功"的四象限系统，并举例说明其他人如何利用它来恢复平衡。人们通常会带着好奇和兴趣做出回应，并亲自开始尝试。

我们都想要获得幸福与成功。我们都想要获得平衡的体验。

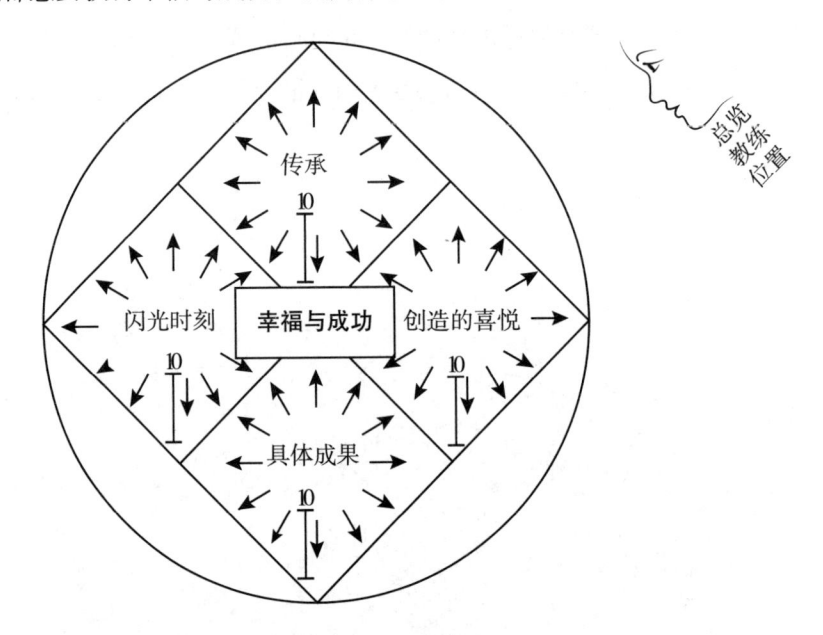

图 5.13　幸福与成功的四象限：四个象限的平衡计分卡上的"内与外"

换句话说，人们通过在他们自己的平衡计分卡上探索发挥想象力，同时检核自己取得的成果。我们都想要一个真正发挥作用的、能带来幸福与成功的系统。我们从这样一个能引起共鸣的、多维度的思维图像中找到创作的灵感，因为它展示了完整性的运作模式。我们可以迅速认出它，对它感到好奇，想要自己尝试一下。看到平衡的视觉图时，我们不由自主地就会开始调频。好奇心指引我们探索。外在的平衡图总是能够为发展内在的平衡助力。

当我们使用象形图来询问生活中遇到的问题时，这个流程也在发挥作用。同样，对平衡系统的总览视角为想象力插上了翅膀。拥有强有力的图式 C 的地图的人能够探索得更远，远远超出意识所能理解的疆界。带着好奇心，觉知就像一本内在的书一样，轻轻地被打开了。

图式C：平衡思想的案例

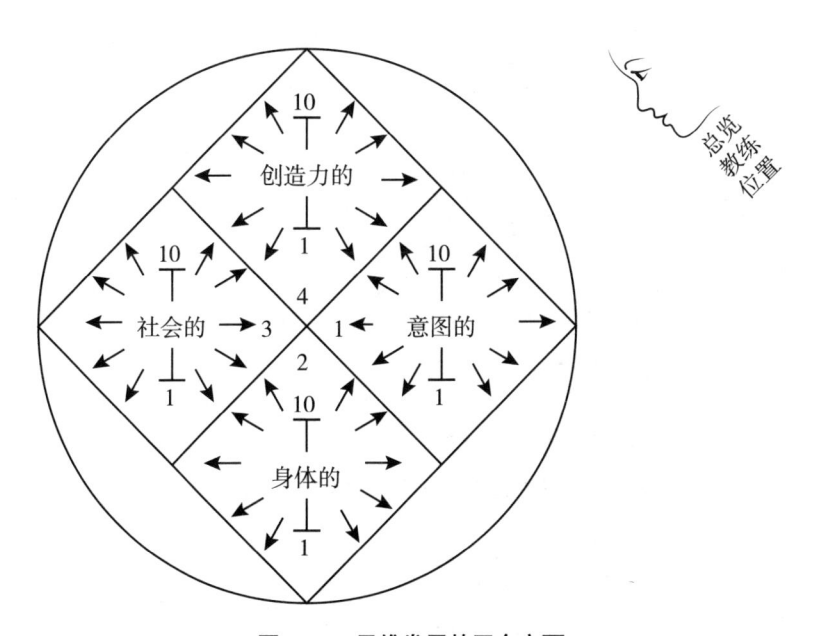

图5.14 思维发展的四个方面

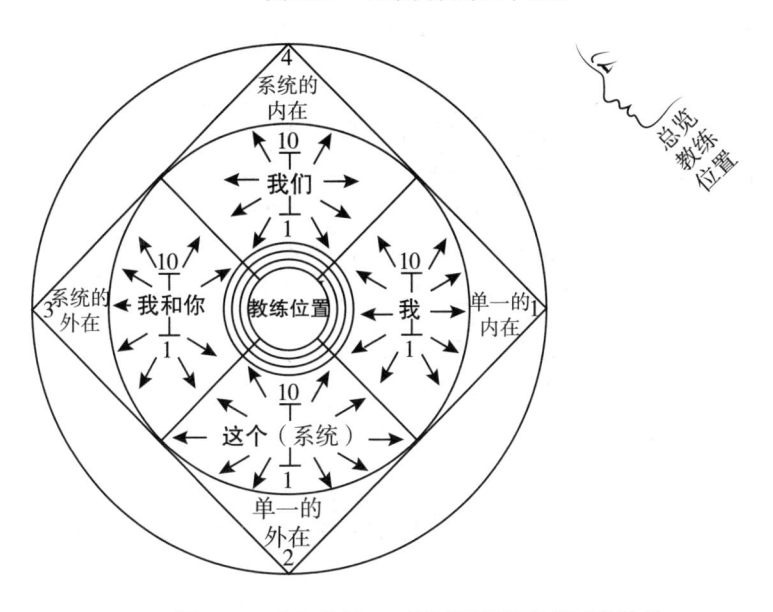

图5.15 感知位置——通过不同视角发展整体性

063

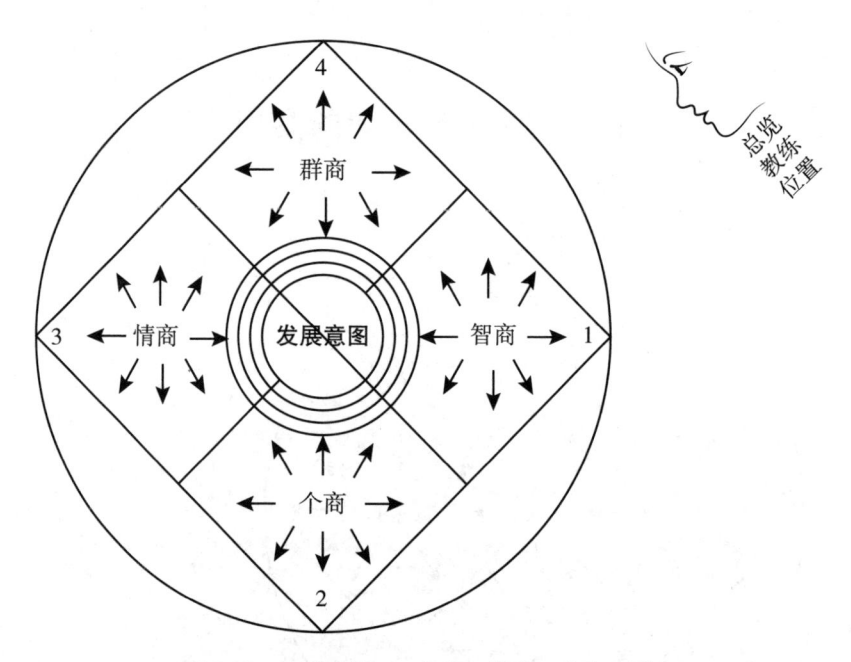

图 5.16 探索意图——智商、情商、个商、群商

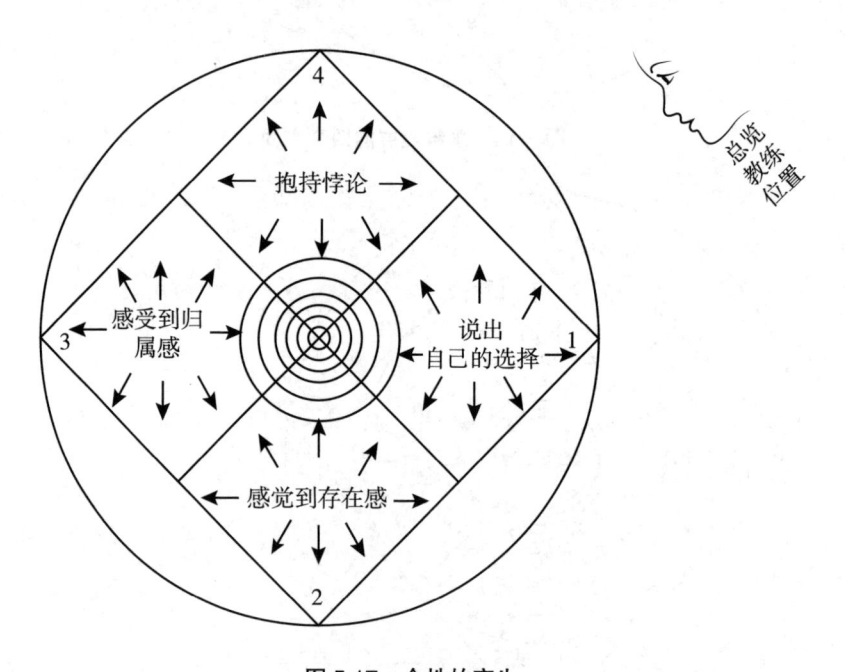

图 5.17 个性的产生

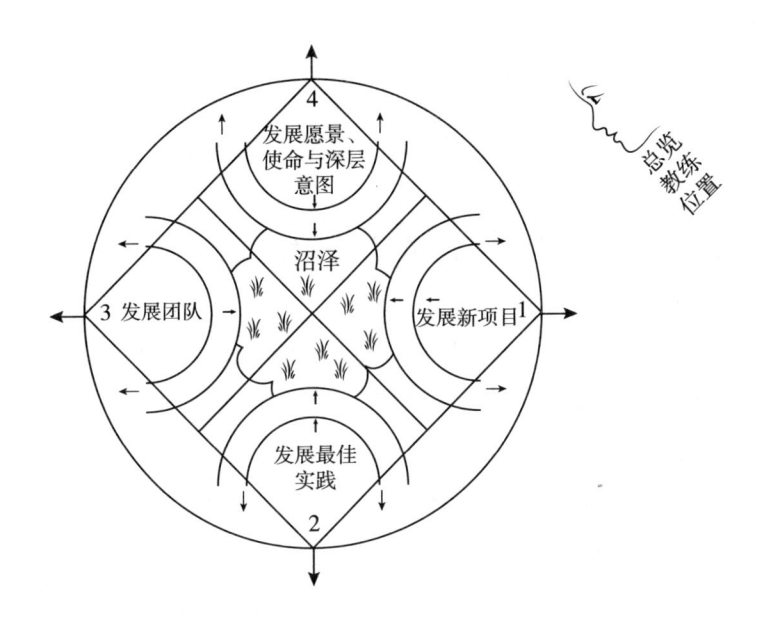

图 5.18 用团队愿景发展工具来抽干企业的"沼泽"

练习：用图式 C 沉思静想

1. 从本章的任何示例中选择一张图式 C 思维地图，从那些只有图形而没有文字的示例中选择。（或者当你做练习时，删掉图形中的文字。）
2. 准备好审视自己生活中的一个关键领域，也许是你正准备做出某种重大飞跃的领域。用一个强有力的开放式问题来激活你内在的引爆点。
3. 然后，画出或打印出一张大的四象限图。这张四象限图展示出平衡、完整性与美感。仔细选择你想要的图，可以从前几页的案例中挑选，或在本章其他部分的图中找。选择一张简单的图……图中可能包含圆形、三角形或不同象限。

4. 按照你所选的图，画出你自己的版本，至少 30 厘米宽。它可以非常简单，就像图 5.4 至图 5.7，但需要小心地绘制，以保持结构的平衡与对称。

5. 设置 10 分钟计时，然后坐在一个安静的地方，全神贯注地看着你画出来的图。

6. 在内心深处，多问几次触及生命内核的问题。同时，让自己放松下来，深呼吸，向内发出请求，请求在结束前收获"你想要的答案"。

7. 在这个过程中，允许意识被平衡图的视觉元素吸引，这样直觉就可以开始发挥作用。

8. 10 分钟后，拿起笔，立即写下整个过程中发生的一切。

9. 回顾你在体验中写下的洞见。欣赏这些洞见，并感谢直觉给你带来的礼物。

第六章　图式 D：化解困境

接下来是图式 D。你可能是一个要进行四象限练习的学生，你将在学习图式 A、B 和 C 之后，进入对图式 D 的学习。如果是这样，你现在就正在探索四象限系统中"最大的俄罗斯娃娃"。无论你的兴趣是什么，学习图式 D 为自我发现和自我发展提供了实用的工具。它为自我探索提供了一个了不起的框架，每个想要了解它的人都可以使用。对我自己来说，我有时称它为"在圣爱中溶解"的发现系统。

基于图式 D，你可以通过探索矛盾思维的严格流程来培养价值洞察力。这个系统允许你通过使用"笛卡尔式"的所有可选问题，直接连接你自己的深层智慧、你的"超意识"觉知。

通过图式 D 的通道，你将瞥见你内在现实的整体性——这可能被称为你的"真相觉知框架"。图式 D 的探索显示了你可能想要探索的每个现实的矛盾本质，包括你自己的思维的所有方面。

人们惊讶地发现，虽然图式 D 非常容易通过口头语言来探索，但随着人们的使用，它会不断深化。这是因为图式 D 是宣告式的。运用图式 D 的视觉—语言框架，你可以用强有力的视觉宣告来改变你的生活。如果你愿意，这些可以立即与你的生命发展产生共鸣，并重新调整你的发展路径。出于这个原因，我建议你把它作为一个跳板来发展你自己的内在成长宣言。

在掌握了如何化解困难、困境或挑战之后，图式 D 可以让你逐步掌握一门优雅的艺术，消除让你痛苦的习惯和其他身份认同的漩涡——这些东西有时会让你感到崩溃。你会发现一些深入自我探索的方法，这样你就可以深入探究你自己的关键问题。你可以钻进过去的愤世嫉俗、自我评判或消极想法的荆棘中，用"园艺剪刀"把它们全部剪掉。在接下来的章节中，我们将探索各种化解困境的方法。在扩展你的游戏场地和生命游戏的同时，我邀请你充分探索这些变化。你开始设计自己的内在系统，设置人生挑战的游戏面板，强有力地扩展你的觉知！如果你需要的话，附录 7 可以带你进行更深入的练习。

由于有非黑即白的想法或自我批评，人们可能会无意中消解任何项目的内在意义，甚至否定多年的积累。

创造世界和瓦解世界

人类其实很擅长消解内在意义。这就是人们会感到困惑、抑郁，甚至产生中年危机的原因。由于有非黑即白的想法或自我批评，人们可能会无意中消解任何项目的内在意义，甚至否定多年的积累。我们把这称为"消极的声音错位"。在这种情况下，人们听凭过去的内在信息的驱使，变得非常擅长挑战和否定自己在生命中选定的重要项目！

人们也很容易用强烈的时间扭曲和中断来消解意义，即便是短暂的中断。随着变化的出现，新的视角可能会破坏与曾经重要的事物之间的联系。写作障碍就是一个很好的例子。作为一名教练，我经常从客户那里听到这样的抱怨："最开始，我一直在写这本书（或学习这项新技能），它对我真的很重要。但后来我需要做其他的一些事情，它们分散了我的注意力，现在我甚至都不知道写那本书究竟有趣在哪里。"

自我批评造成的混乱和时间上的中断向我们展示了表层思维一般是如何失去焦点的。在写作阶段，通常在编辑过程中，写作者可能会短暂地认同一些负面细节。编辑工作需要听觉思维的回忆，这与视觉思维创造性的可视化过程非常不同。它需要一个细致的语言思维过程。这意味着自我批判的编辑习惯很容易破坏创作过程。通过这种形式的破坏和消解，"遗忘"就发生了，因此项目的目的与意义就会消失。这个例子与许多其他自我批评的"身份认同"的案例相似。在那些案例中，人们可能会失去目标和意义。

图式 D 的结构：构建意义矩阵

我们对核心价值观的感受随着我们逐步构建起意义矩阵而变得更加强烈。我们通过辨别价值观，将愿景与价值观觉知的水平和垂直维度编织在一起。正

要想使用四象限来进行训练，我们需要保持稳定的教练位置，观察所有重要的心—脑合一问题。

如你将在接下来的章节中看到的，图式 D 的问题和逻辑层次的问题都会触发这个过程。（见第二辑附录 5：思维的逻辑层次。）

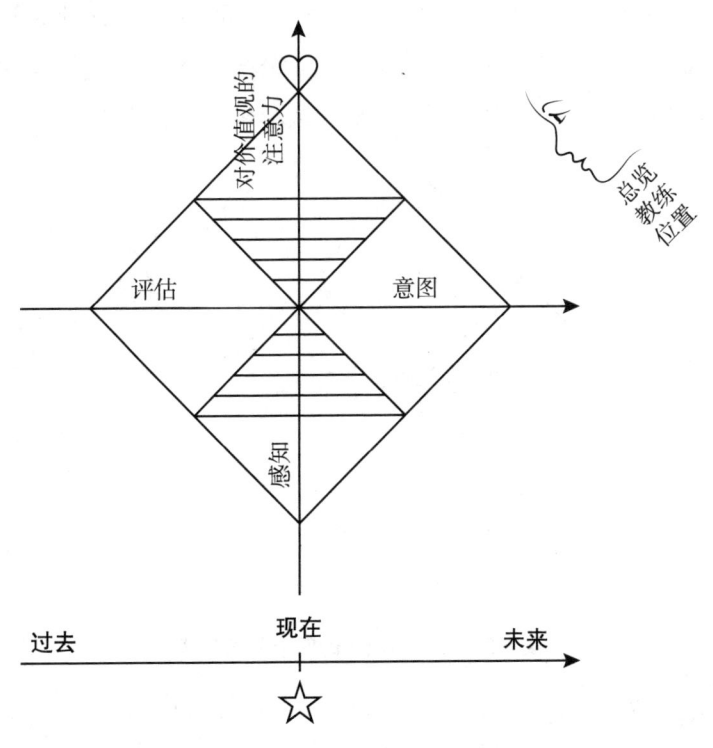

图 6.1　创建一个意义矩阵：垂直和水平维度

要想使用四象限来进行训练，我们需要保持稳定的教练位置，观察所有重要的心—脑合一问题。我们需要关注重要认知的偶然错位。我们从一开始就留心观察的问题让我们可以开始这个探索，就好像在发展一个可持续的选择和意义的系统。我们想要养成长期的、自我一致的、以价值观为中心的生活习惯，但仍要时刻关注洞见的出现。

图式 D 的"坚实基础"：勒内·笛卡尔的"四维数学证明系统"

让我们从 17 世纪的天才勒内·笛卡尔（René Descartes）说起，他是创建图式 D 的先驱之一。笛卡尔创建了一个坐标系，旨在确保完善的数学理论可以在二维平面上的四个不同象限中得到证明。他的研究成果，现在被称为笛卡尔坐标系，为许多数学分支的发展奠定了基础。从那时起，他绝妙的创造让数学的"证明方法"实现了系统化，为所有的数学公式提供了一个基本的检验方法。通过四象限测试，他向世人展示了如何确定数学函数的有效性。

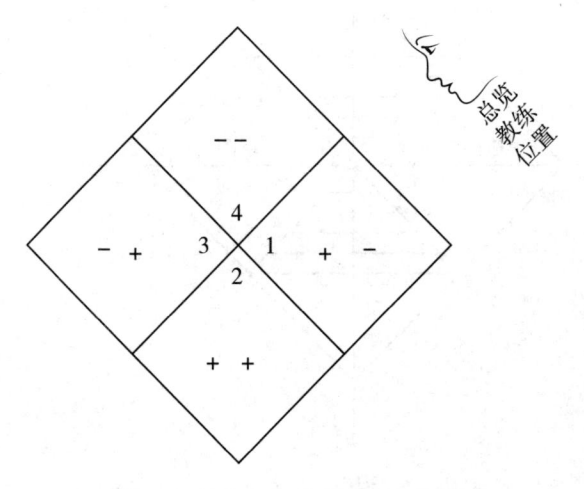

图 6.2　笛卡尔数学的四个公式分区

注：笛卡尔象限可以看作：(+x, +y)、(+, +) 或 (+ 和 +)；(-x, +y)、(-, +) 或 (- 和 +)；(+x, -y)、(+, -) 或 (+ 和 -)；(-x, -y)、(-, -) 或 (- 和 -)。[7]

现实性检验的力量

笛卡尔的四象限数学框架是一个检验系统，是基于名词的简单探索和数学应用的基础。每个"加号＋加号"的定理都可以用三个反例来检验。图 6.2 和图 6.3 对此予以了说明并提供了示例。

通过图 6.3，这一次，我们可以从数学和逻辑上，再次探究简单的笛卡尔坐标和基于名词的基础系统。利用笛卡尔的正交坐标系，数学家们用反例来检验每一个数学公式。他们可以用三个"反公式"来反证他们的数学体系。

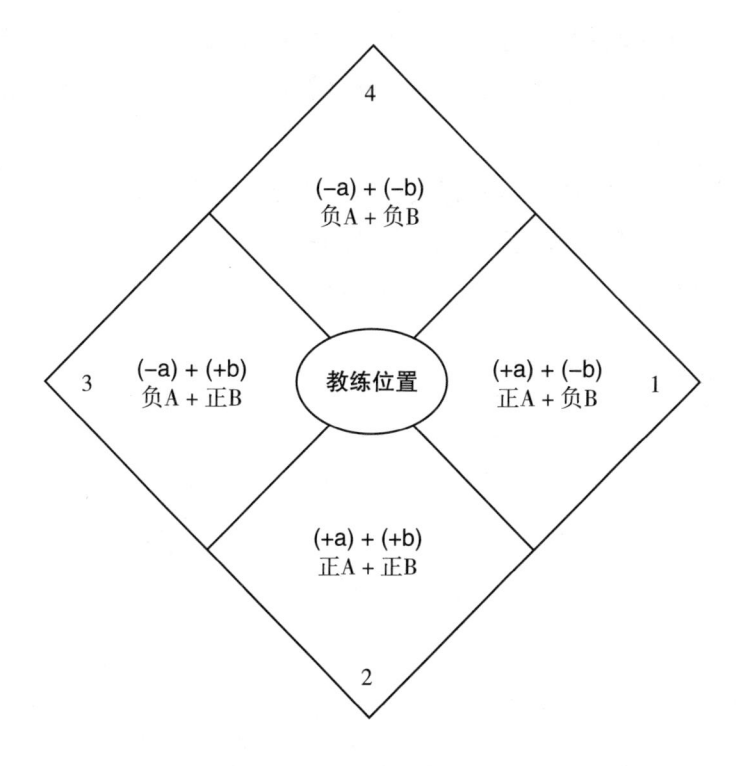

图 6.3 勒内·笛卡尔测试反例的思维数学基础

在所有的四象限笛卡尔坐标系中都存在一个定理：（+a）和（+b）。这意味着一定存在一个与之相反的观点的理论可能性。换句话说，也需要考虑（-a）和（-b）。如果我能想到正 A 正 B，我也能想到负 A 负 B，不是吗？请注意，第二象限和第四象限的公式与定理是正好相反的。

再看看第一象限和第三象限。这个定理的存在也定义了第三象限的存在，即负 A 正 B。我们也定义了第四种状态，即第一象限的正 A 负 B。我们所证明的是，每一个简单的双成分名词或基于数字的概念，都可以通过使用具有肯定和否定框架的名词，用至少四种不同的方式来表示。

在数学上，四象限测试可以称为现实性检验。[8] 如果一个数学方程式被检验并被发现对这三个反例中的每一个都有效，那么，该方程式在数学上就是成立的。它必然是正确的，因为根据定义，它适用于所有这四种情况。一旦用这四种方式进行了检验，数学家们就可以确定他们的方程式是合理的。注意，在

一旦我们开启了可能性，用问题改变思维框架，也就打开了人类意义和领悟力的宇宙，从而远远超越它。

图 6.3 中，我们验证的只有笛卡尔式的名词或数字。我们将正 A 正 B 作为"某种事物"来探索。还要注意的是，数学家用名词或数字创造的是类别，而不是愿景。

笛卡尔的数学坐标系简单而优美；而意义的舞台就是公式化的。一旦我们开启了可能性，用问题改变思维框架，也就打开了人类意义和领悟力的宇宙，从而远远超越它。

第七章　在旋转中保持平衡

车里雅宾斯克的酒鬼

让我跟你们说一个故事，发生在俄罗斯车里雅宾斯克州。20 世纪 90 年代初，我作为一名心理学家组织了一场培训演示，这是一个针对成瘾症状的心理研究项目。坐在我面前的是一个衣衫不整、身材瘦弱的酒鬼。这个长期酗酒的年轻人名叫谢尔盖，他有严重的健康问题，肝脏也在加速衰老，这让他非常痛苦。他希望说服自己立即戒酒。他看着我，眼里充满了深深的恐惧。"请帮帮我，"他说道。

通过我们的对话，谢尔盖发现，正是他自己的脑中强烈反对的声音，阻止了他所有积极的改变："如果我戒酒，我就会失去我所有的朋友！"当他说这句话时，声音几乎是哽咽的。说到这里，他的身体瘫了下来，他的呼吸一度停了下来。

当他用颤抖的声音说出自己深深的恐惧后，我对他的想法提出疑问："所以，你想要戒酒，也想要留下你的朋友？"（正 × 正。）他伤心地点点头。"如果你不戒酒，同时留下你的朋友，那真的是你想要的吗？这真的是最重要的选择吗？"这个问题让他感到惊讶，他认真地思考了一下。

然后我问他："有没有可能，你既戒酒又不会失去你所有的朋友？"（正 × 负。）在他对此百思不得其解时，我放慢语速，继续问他："如果你不戒酒呢？你会失去你所有的朋友吗？"（负 × 负。）

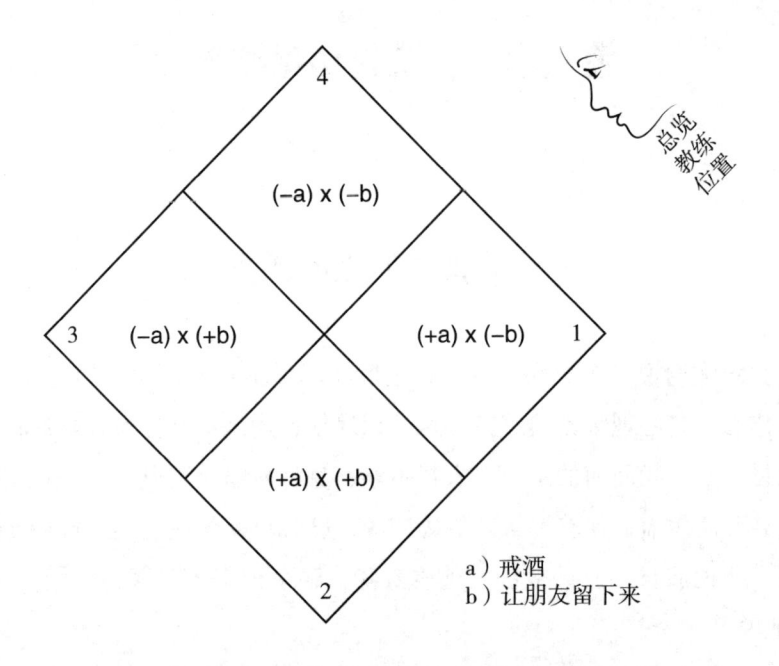

```
         4
      (-a) x (-b)

  3                    1
(-a) x (+b)      (+a) x (-b)           总览教练位置

      (+a) x (+b)
         2
```

a）戒酒
b）让朋友留下来

图 7.1 "如果我戒酒，我就会失去我所有的朋友"

  这些简单的问题为谢尔盖带来了重大的转变，因为他之前从未真正考虑过这些相反的选项，而这些选项恰恰代表了更广阔的思维疆域。像许多人一样，他总是对自己内心一开始涌现的、最强烈的反对意见做出情绪化的反应，令自己陷入混乱之中。

  我关注着他脸上的变化，他真的在考虑这些选项。考虑到这些"相反的选项"，他当场重新校准了自己的价值观导向。他马上明确了戒酒的决心。此时的他可以对自己的选项进行筛选，而不会立即联想到他最担心的事情。通过认真考虑重要的反例，他针对自己关键的内在对话形成了总览全局的教练位置。从那一天起，他开始认真对待自己的选择，并开始做出重大的改变，压制住了他的酒瘾，重新为自己的生活充电。一直到今天，他都滴酒未沾。

终结两难困境

困境是很有趣的。你可能在做一些简单的事情,例如为一个正在做采购决策的人做教练。这个人正在跟你说他想买一辆车。"这个价格很合适,但我现在在做一个新的生意,几乎要破产了。但我今年真的需要买一辆车,而且这个价格很合适。我喜欢这辆车,但我缺钱。"这个人在绕圈子,他把自己也弄得晕头转向了。他陷入了内心对话的恶性循环,也就是我们所说的"死循环"或"没有出路"的两难联想。在这种情况下,有两种截然相反的选择在人们的思维中来回反复。

假设你决定使用图式 D 的提问来帮助他应对这个困境,你要怎么做呢?首先,你可以画出一个象限图,这会引起他的兴趣。他立刻就能理解四象限系统及其加减符号的意义。为什么这么说?就像图式 C 一样,看见四象限图及其相应的程序性问题会让人们的意识放松下来,从而打断不由自主的内在对话。通过将选项可视化,它也会启发人们对总览视角和内在探索的好奇心。

这个终结两难困境的流程可能如下:

- 向客户展示图式 D,即带有四个选项的四象限图。
- 在你问问题的同时用手指指着每个象限,这样在整个过程中,客户的眼神和思维都会跟着你探索。
- 你按顺序问出这四个问题,每个问题之间停顿一小段时间。通常从基本的(正 A × 正 B)开始,一直问到顶部的(负 A × 正 B)。你可以先问左侧的(正 A × 负 B),也可以先问右侧的(负 A × 正 B)。重要的是,每个问题之间停顿大约 10 秒钟。例如,你可能会问:

    "如果你真的买了那辆车会怎么样?"

    (正 A × 正 B?)

- 然后你加上一句:"稍等一下。不用回答我。暂时不说话,先了解一下你

充分观察，同时仍然循着层层递进的问题进行思考，这会给人们带来更广阔的视角和更深刻的洞见。在这样的探索中，左右脑都参与了思考。

的想法。"这有助于客户对自己的想法有一个总体的认知。（等待10秒。）
- 然后你问客户：

"如果你真的买了这辆车，不会发生什么？"

（正A×负B？）

（等待10秒。）

"如果你不买那辆车会怎么样？"

（负A×正B？）

（等待10秒。）

"最后，如果你不买车，什么不会发生？"

（负A×负B？）

（等待10秒。）

当一个人在每一个问题之间有十秒钟的停顿时，他自然会发现各种反例在脑海中闪现，这些反例从各个方面给内在对话带来了挑战。总览视角为这个人带来了一个突破口。此时，这个人开始探索困境中最让人迷惑的关键部分。通常，这些反例带来的是"闪现"出来的图像和文字。

纵观整个状况，他很快就会注意到"令人困惑的部分"，通常是一些矛盾的内心对话，特别是内心的警告。四象限图有助于给他的探究提供一个保持观察的教练位置。把四种视角放在一起看，让他更不容易"陷入"某一个观点中，而是从总览视角来进行审视。

充分观察，同时仍然循着层层递进的问题进行思考，这会给人们带来更广阔的视角和更深刻的洞见。在这样的探索中，左右脑都参与了思考。人们可能在内心感觉到、感受到、看到或听到需要注意的关键标准，能够将自己的思维转变为"更广阔的思维框架"。人们可能会接收到更清晰的"闪现"出来的图像和文字，或者开始综合考量自己的核心价值观。

最常见的情况是，当在脑海中同时看到四种选择时，最佳选项开始从所有选项中跳脱出来。教练位置的存在延伸了观察的时间轴，最佳选项开始浮现出来。

> 我们不只是在非此即彼的情况下做出更好的选择，而是真正学会提升我们的选择能力，超越基于恐惧的思维惯性。

请注意，在公式中，即使我们讨论的范畴已经从数学转向了语言学，我们也总是用乘法符号来表示开放式问题的多种可能性。我们的远见卓识持续倍增并推动我们前进。图式 D 为我们提供了多种视角下的多重愿景。（参见附录 6：图式 D 与整体感知的数学。）[9]

需要注意的是，在图式 D 中，我们是在"选项的阶梯"上发现如何在恐惧的"雷区"之外做出合适的选择。通过四个相互平衡的问题，我们正在以一种深刻的方式了解何谓重要性。我们正在学习如何带着更广阔的视野在内心世界观察与倾听。我们正在发展自己的选择能力，以求获得更大的自由。我们不只是在非此即彼的情况下做出更好的选择，而是真正学会提升我们的选择能力，超越基于恐惧的思维惯性。

第八章　飞入量子王国

　　将图式 D 作为一个愿景和价值观流程来探索，会让我们的思维立即从平面上的笛卡尔坐标系转向深入的价值观觉察。我们的探索从简单的名词和数字（笛卡尔坐标系）开始，一直扩展到主动动词、愿景与倍数的领域中（图式 D）。因为图式 D 是可表达的语言，而且通常是面向未来的，所以它会帮我们在思维中启发出多个愿景，帮助我们找到富有创造力的总览视角，做出最好的选择。

　　通过图式 D，我们可以接触到自己多面向的、不断变化的人类思维疆域的复杂性。有意思的是，只要能够超越自我评估，在这个思维高度上看见自己的选择，我们很容易就能做到这一点。我们发现自己可以像量子一样，同时抱持相互矛盾的现实。我们的意识从无意识的重复性扰乱，转向探索愿景的整合之美。

　　只有以动词为主导的开放式问题线才能让我们以这种方式改变方向。我们启动了愿景与价值观的觉知系统，而这个系统不断在变化，总是在演进。

　　思维是非局部的、整体的、多维的。而且，在开放式问题的带动下，我们的脑海中会闪现出动态的视觉图像，生发出深刻的洞见——这在我们关注意图与意义时特别有价值。于是，我们的思维可以达到清晰而精确的程度。此时，一个"假如式"问题就会变成一个"量子"事件，引发全面的系统变化。这意味着，我们可以从最微小的改变入手，影响整个思想结构。

　　这也意味着，在平衡的四象限中，开放式问题可以有效地测试深层觉知系统中的价值观"定理"。换句话说，通过图式 D，我们可以探索思想与心灵的每一块疆域。而思想和心灵本身，也在持续求索着。

　　在图式 D 中，我们用笛卡尔坐标系进行探索，但我们使用的是有关意图与意义的、复杂的动词式问题，而不是简单的名词式公式。[10] 在我们针对一个问题探索更大的视角时，图式 D 的四象限菱形图是一个稳定的框架。有了它，我们既可以发展切实的、投入其中的视觉觉知，又可以发展抽离在外的总览视角和教练位置。教练位置的应用可见于第一辑的附录 A。

图式 D 让我们可以积极地质疑、化解和超越任何基于恐惧的思想体系。图式 D 的问题，打开了通往更深远的内在现实之启示的大门。这是获取深刻洞察力的方法。

图式 D：凭借开放式问题"深入人心"

精确的数学逻辑已经有数百年的历史，但直到近几年，我们才将数学思维应用于研究这个无比复杂的内在思维结构。用系统的提问方式来培养思维，这种能力是探索复杂的智能逻辑所必需的。图式 D 会帮助正在阅读的你，当下就展开你的自我发现。如果你像大多数使用图式 D 的冒险者一样，你会发现自己拥有一个活跃的愿景系统，可以整合并扩展其他四象限生命探索图式，即图式 A、图式 B 和图式 C。

图式 D 超越了图式 C 的平衡对称性。图式 C 让我们的注意力集中于神秘莫测的内在之美，全面系统化的真知促使我们走向一致而平衡的完整性。你或许还记得，在图式 C 中，平衡的形式作为外在的视觉符号出现在我们面前，我们能从中感受到内在的本质。我们几乎把这种形式视为一种完美的形式。然而，图式 C 通常是以"名词"或"事物"为中心的。

图式 C 和图式 D，可以作为矛盾的一对图式结合在一起。首先，图式 C 让我们停下脚步，观察一个想法的内在之美或内在现实。接下来，图式 D 让我们可以积极地质疑、化解和超越任何基于恐惧的思想体系。图式 D 的问题，打开了通往更深远的内在现实之启示的大门。这是获取深刻洞察力的方法。这样的洞察力帮助人们勘探到更深远的内在现实。

与图式 C 相对，图式 D 保持了图式 C 的对称性和系统思维，但将语言上的选项与变化融入思维探索之中。它很好地体现了四大法则中的法则一和法则二，因为它是一个主动（以动词为中心）的过程。它为我们带来了一个平衡的、逐步展开的发展系统，让我们可以带着清醒的头脑，进行开放式探索。在图式 D 中，我们将探索不断生发与变化的思维本身，也把它看作美的一种形式……用新视角看见新视界。

图式 D 的重点在于内在的变化和持续的发现。这强有力地开启了我们的感

> 对于生活中的大多数挑战，我们需要不断地校准人生价值观和日常行为之间的匹配关系。图式 D 能帮助我们进行这样的校准。

知，也让我们对未来的其他可能性产生了好奇心。当我们迷失在自己的思维中时，我们用它来重新找回真正重要的事物。

对于生活中的大多数挑战，我们需要不断地校准人生价值观和日常行为之间的匹配关系。图式 D 能帮助我们进行这样的校准。

我们如何深化关系上的价值观体悟？图式 D 和逻辑层次的问题是非常强有力的搭配。你同样可以在附录 7 中找到详尽的描述。

图式 D 如何发挥作用

通过提问，我们发现了成长的关键。加拿大音乐家莱昂纳德·科恩（Leonard Cohen）曾在他的民谣《圣歌》（*Anthem*）中唱道："万物皆有裂痕。那是光照进来的地方。"图式 D 问题就好比一道"裂痕"，帮助你打开内在之门。

图式 D 如何让我们深潜到意识的装甲之下？它和笛卡尔坐标系有什么关系？人们经常把它和笛卡尔坐标系混为一谈，因为其中的公式是一样的。其实图式 D 远远超越了笛卡尔坐标系，进入了相互关联的创造性思维的空间和流程。我们使用同样的平衡方程式来呈现出思考的框架，并在此之上发展了探索心流的开放式问题。这就像打开门的钥匙一样打开了我们更深层次的觉知。我们超越了意识的"困境思维"和消极的情感隔离惯性。

图式 D 让人们可以通过感知一致性或内在现实的回应，不论是从中感受还是从外观察，来检验自己的信念和内在的"价值观定理"。和笛卡尔坐标系一样，我们仍然需要测试四个"相反"的面向，但开放式问题将引领我们深入核心价值观探索的整体之美中。有了四个视角，我们可以轻松地保持教练位置！通过探索反例，我们潜在的选择和成果变得丰富起来。这是一个看似矛盾、实则合理的多维流程。我们需要清楚地看到各种各样的思想系统。图 8.1 再次显示了这种规范形式。

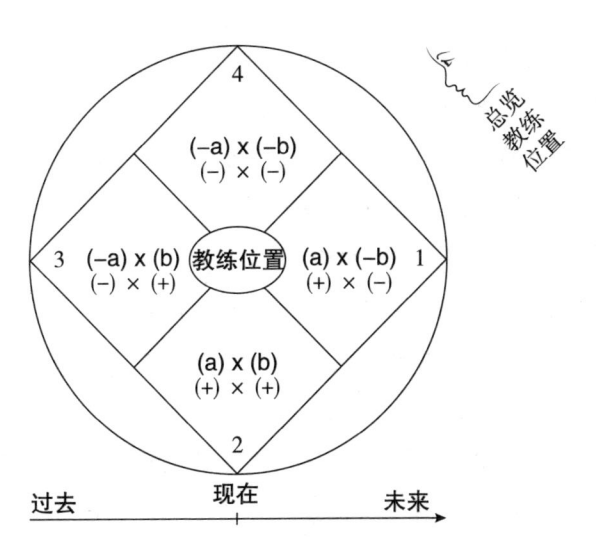

图 8.1 教练位置和图式 D 的模板

图式 D 如何发挥作用？图式 D 的语言流程有何特别之处？

- 首先，意识的"工作台"通常很小，而且是通过语言来运转的。当我们在问题的支持下看见"整体"时，整个系统会立即响应。此时，我们将在脑海中进入更广阔的觉知之中。

- 从一个外部视角，我们可以观察到我们的世界和语言形成的漩涡，因为我们看到主客体的组合在思维的"太阳系"中相互影响。

- 通过练习，我们学会分别从投入的和抽离的教练位置来观察所有动作。针对自己的"多重思维系统"，我们发展出了一个视野更广阔的、看似矛盾、实则合理的视角。于是，我们可以在更大的系统中思考一些更精细的问题：什么是重要的？什么有意义的？什么是明显的？或者，什么才是真实的？我们学会感知内在现实的标识符号。当我们这样做的时候，我们会放下过去固有的"身份认同"。

- 使用图式 D 进行探索，让我们能够近距离地观察自己发展出来的"现实"。在此之前，人类并没有真正探索过人类视觉化价值观思维的"数学"。每个人的生命都是一个基本的整体思维系统，都具有全息的潜能。

图式 D 是一个可以总览不同视角的系统，无论怎么应用，都能帮助我们发现、扩展和拆解思维系统。

- 一个完整的系统必须至少包含三个组成部分——主体、客体和整体的观察者，而它们是互补的。记住，互补意味着三者缺一不可，而且你不能同时占据两者的位置。这是所有动态系统的特征。它定义了人类思维中的"量子并行"。我们要么从外向内看，要么从内向外看，但系统本身持续不断地在"超越"我们的视野。
- 图式 D 让我们"看到"从当下时空到遥远时空的曲度。我们学会让自己驻足于心流之中，并开始相信它，而不是带着情绪和限制性信念过早地得出结论，或"退出"总览视角。
- 作为一个外部观察者，通过观察图式 D，观察自己在许多层面上生发出的问题及其回应，我们可以观察思维的系统处理过程——在图片上，整个过程尽收眼底！我们不断探索着，仿佛能从广阔的整体性中有所感知，超越信念系统的奇点。
- 我们可以在地图上标出反例的类型，将其转变为四方向的开放式问题。于是，通过开放式问题测试反例的图式 D 方法，可以变成强有力的项目设计工具。你可以快速创建一个初步框架，检查和测试任何一个想法。

啊，听我说，你们这些穿越了数个世纪、致力于内在成长的炼金术士！有了图式 D，你们就有了一个非常强大的思维探索工具！图式 D 是一个可以总览不同视角的系统，无论怎么应用，都能帮助我们发现、扩展和拆解思维系统。当我们重构意义时，我们也重建了内在的力量！

图式 D 可以像一艘跨越语言海洋的远洋班轮，建立起和愿景与价值观觉知的高层次连接。它让我们可以探索和感知多重可视化的范围和价值，形成高效运转的思维。它让我们可以看见整个系统的内在之美，正闪耀于所有矛盾统一的光芒之中。我们开始理解，语言机制如何变成坐标系，帮助我们探索自己的深层价值观。我们超越了短视的"划艇思维"，从而深扎于思维深海之中。

第九章　图式 D：超越两难困境的方法

量子可视化

图式 D 流程的细节是什么？图式 D 的思维会给人带来精微的内在觉知。这意味着我们学会专注"闪现的觉知"，即大脑处理过程中的微小变化，使我们的觉知作为一个整体系统实现进化。这首先会指向一个目标，然后生发出一个问题，接下来有所"感知"，再接下来生成愿景，或脑海中灵光一闪。在这个过程中，我们辨别自己真正的价值观，并开始寻找合适的方法和采取相应的行动。

图式 D 能帮助我们训练自己的思维。有了图式 D 的问题，我们可以成为自身内在系统非常强大的"观察者"和"聆听者"。问题会触发"量子闪现"，同时，我们会注意到"价值观—愿景"的出现。我们的选择开始成形。而且，通过简单的观察，我们开始沿着重要性与选择的阶梯向更广阔的生命意图攀登。由此，我们隐约体验到内在的自由。

强与弱

强有力的开放式问题发挥作用的方式与检验某个定理的数学公式完全相同。我们的身体反应与直觉紧密关联，是我们的"接收者—测试者"。你可以在所有的四象限中用语言来检验任何开放式的想法，并通过观察相伴而生的愿景画面与感受来了解每个想法的价值。当你用一个由四个开放式问题组成的系统进行探索时，你会注意到身体何时会做出有力的响应——因更高的相关性或更深远的意义而生发的、明显的"扩展体验"。你要学会识别强烈的内在价值感带来的温暖体感。

你学会将这种感觉与"不确定"或软弱所带来的"消极"感受相比较。当

> 我们总是可以观察和感知到什么才是我们最深刻的价值观。这需要我们自己去体验。

你有这样的负面体验时，你会注意到身体正中线上和面部肌肉的收缩。身体中肌肉的反应与是否说谎直接相关。通过观察自己的肌肉反应，你很快就能学会衡量内在的价值观体验。我们总是可以观察和感知到什么才是我们最深刻的价值观。这需要我们自己去体验。我们可以学会快速识别出有强度的身体反应，也可以识别出没什么强度的身体反应。我们可以将这些作为语言和行动上的直接指引。

我们从哪里开始

用四象限、开放式问题，甚至引发你好奇心的小问题开始练习，通常是很有帮助的。接下来，找几个问题来练习一些图式 D 型提问方式的技巧。通过拆解各种简单的"想不清楚的情况"，图式 D 可以有力地解决我们的困惑，很容易让我们获得更广阔的视野。

使用图式 D 来提出好的问题；那种问题中有能给你带来强烈感受的因果悖论。我们所有人都连接着真知的高层次场域的振动频率和巨大能量。用图式 D 来设计连接内在真知的路径。

记住，你是地图设计者，你正在探索引发你强烈兴趣的内在游乐场。当你思考更大的生命意图时，你就更能把最关键的问题提出来。根据你最感兴趣的事情，打造出自己的开放式问题，你就能在自我设计的练习场上驾驶思维的"高尔夫球车"。这也就是说，你学会了追踪自己的思考路径。

推翻隐藏的议程

为自己找出一个真正的问题。找出这个问题的方法之一就是观察自己在"念叨"什么。正如前面提到的，在审视关于某种困境的内心对话时，我们常常会对过去的恐惧感到不快。这些不断循环的混乱想法可能会抹杀我们朝新方向

通过提问，我们超越困境，发现内在的生命意图。

前进的意愿。

恐惧通常是一种根深蒂固的习惯，它只关注一种想法或四象限中的其中一个象限，将其作为一种深层次的信念系统来维持状态。有了图式 D 的四象限问题，我们可以很轻松地识别出这些"症结"。找到这些混在一起的"基准点"，可以让你在发现自我和自我发展的核心领域中建立起"意义桥梁"。

通过提问，我们超越困境，发现内在的生命意图。当我们这样做时，我们会观察和感觉身体上的反应。我们在哪里感觉到紧张？在哪里会放松下来并开始感到好奇？

让我们来看一个简单的例子。假设在例句中，第一部分是"今天"；第二部分是这样一句话，"**我想要完成什么**"。需要注意的是，在这个句子中，"今天"这个词实际上是一个隐含的句子："我今天就做这件事。"所以，这里实际上有两个句子。然后，通过规范的四象限形式，通过第一和第二部分的组合，我们可以很容易地设计出四个问题。例如，第一个定理（加号＋加号）可以表述为：

- （a）今天，（b）我想要完成什么？

  这是我们的初始问题，位于第二象限的开放式问题（＋×＋）。

这个问题可能会带来强烈的身体感觉和情绪感受，以及相应的愿景画面与深层感知。

接下来，继续进行组合：

- （a）如果不是今天的话，（b）我想要完成什么？ 这是第三象限（－×＋）。
- （a）今天，（b）我不想完成什么？这是第一象限的问题（＋×－）。
- （a）如果不是今天的话，（b）我不想完成什么？这是第四象限的问题（－×－）。

这四个问题，你都试过了吗？ 你对所有问题都有感应和想象吗？其中有些

当人们提起过去的事情，并将它们与未来可能出现的可怕状况联系在一起时，消极的内在对话就会控制人们的大脑。它们通常是非此即彼、非黑即白的。

问题可能看起来有些奇怪，但为了做这个练习，每个问题都给出了不同情境下的例子。

你会注意到，它们之间存在着怎样巨大的时空差异。请注意，每个问题都打开了完全独立的思维系统、时间框架和兴趣领域。现在，通过整体意图的联系，不同系统交织在一起，成为更大的焦点。我们的意识范围被扩大了。这就是一系列反例带给我们的启示。我们连接到更深层的觉知，并以这种方式，通过每一个四象限探测器，感知我们内在的价值观。

区分时间和空间的四个问题

每一个思想星座中都存在（＋×＋）、（＋×－）、（－×－）和（－×＋）这四部分，要把它们看作是相互独立的反事实的思想系统。你会注意到，图式 D 的每个问题都放大了对不同内在焦点的反应。

人们通常会在第一象限对自己的选择提出否定的问题。在第一象限，图式 D 问题的规范形式可以表述为："如果有 a，但没有 b，会怎么样？"这个问题之后自然会有另外三个问题。正负的选择显示了问题设计背后简单的数学原理，这样，我们可以区分四个不同的反例区域。

- 如果 a 和 b 同时存在，会怎么样？
- 如果没有 a，但有 b，会怎么样？
- 如果 a 和 b 都不存在，会怎么样？

我发现第一象限的问题通常反映了对未来的主要担忧，通常是关于是或否的、言辞激烈的内在对话。当人们提起过去的事情，并将它们与未来可能出现的可怕状况联系在一起时，消极的内在对话就会控制人们的大脑。它们通常是非此即彼、非黑即白的。从教练位置上观察这些想法，并将其作为系统的一部分（这个系统是由四个问题组成的），这样做能让人释放旧的恐惧。我们会注意到这些想法所带来的强弱感受。我们可以问问自己，如何变得更有力量，并找到强有力的、令人信服的"新"想法。

打造你自己的问题组合

当你提出任何类型的四象限问题时，你可能会注意到两个方面：（a）主语部分，或动词性单词或短语；（b）谓语部分，或名词部分（动作的接收者或达成的结果）。在不同的语言中，这两者的先后顺序可能不同，但必然存在。

有了图式 D，你就可以了解到，如何围绕双重复句的决策框架构建内在的提问系统。在设计问题时，你学会针对所有出现在探索中的想法、感受、行动和价值观保持教练位置或观察者位置。你要学会用主语和谓语、动词和名词、过程和内容、a 部分和 b 部分来设计问题。目的在于，发展出对你自己而言真正重要的，或对任何一个陷入困境的人而言真正重要的探索性问题。不论反应是强是弱，你都可以沉着应对。就这样，我们将逐渐学会倾听内心的声音！

在你用图式 D 设计问题时，从逻辑层次中的行动层面开始（见附录 7）可能是有用的，因为根本目标是发现未来的积极行动选择。除此之外，开始了解让你最"紧张"的部分，或特定状况中的"关键卡点"，通常也是很有价值的。

练习一：内心的"量子对话"

你可以用你自己的一个棘手难题来进行一下这个探索。找一个具体的案例，你自己的真实案例。你可以开始好奇："如果我的问题被解决了，那会怎么样？"（见图 9.1。）

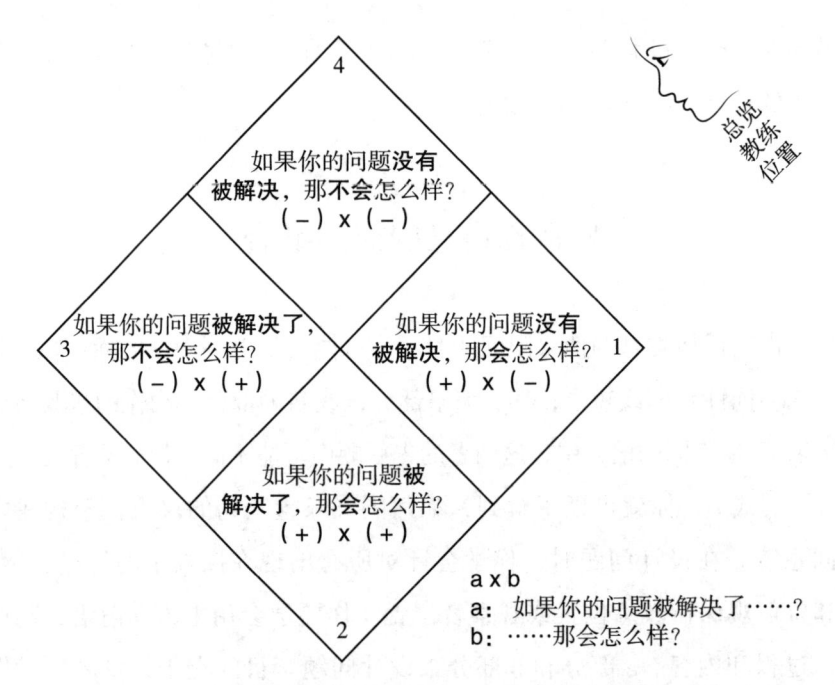

```
                    4
              ┌───────────┐
              │ 如果你的问题没有 │
              │ 被解决,那不会怎么样? │
              │   (−) x (−)    │
   ┌──────────┤               ├──────────┐
   │ 如果你的问题被解决了, │   │ 如果你的问题没有 │
 3 │ 那不会怎么样?         │   │ 被解决,那会怎么样? │ 1
   │   (−) x (+)          │   │   (+) x (−)       │
   └──────────┤               ├──────────┘
              │ 如果你的问题被   │
              │ 解决了,那会怎么样? │
              │   (+) x (+)    │
              └───────────┘
                    2
```

总览教练位置

a x b
a: 如果你的问题被解决了……?
b: ……那会怎么样?

图9.1 "如果我的问题被解决了,那会怎么样?"

  一旦我们将句子中的 a 和 b 组成部分转化为四个正反例,探索就变得既有意义,又有语言上的趣味。有意义的部分指的是,在你问出每个问题时,脑海中闪现的视觉画面。记住,我们在与一个动态系统协作。"量子"这个词是有隐喻意义的,因为它指的是"可以进行有意义的运动的最小比特",它可以改变整个系统。如果你对此非常好奇,在你问出一个真正有意义的问题时,你会发现每一个反例都会让你灵光一现。你也会感觉到不同想法带来的强弱转变。你很快就可以学会"解读"你内在的谎言或真相。

图式 D:练习一

  使用下面的图创建你自己的问题框架。尝试用你自己的相对简单的一个问题来进行尝试,并依照图9.1中的语言格式逐步进行探索。

用一个空白的图进行图式 D 探索

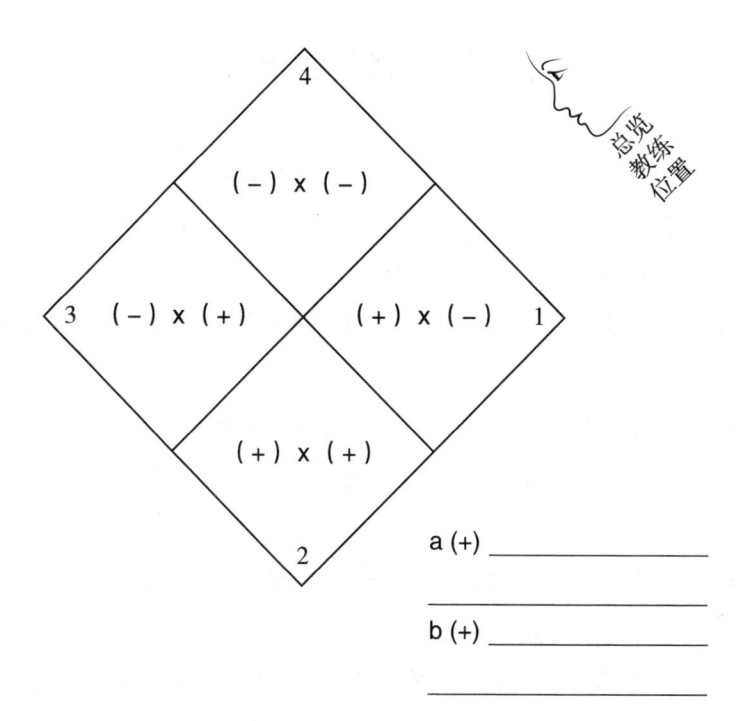

```
        4
       / \
      /   \
     (-)x(-)
    /       \
   /         \
  3 (-)x(+) × (+)x(-) 1
   \         /
    \       /
     (+)x(+)
      \   /
       \ /
        2
```

总览教练位置

a (+) _____
_____
b (+) _____
_____

在进行这个练习时，围绕着你自己定义的目标，慢慢地问出每一个问题，并关注出现的每个想法。这些想法通常是闪现出来的视觉画面，转瞬即逝。但你也可能会听到它们，感觉到它们。你的挑战是将这些想法写下来，但必须在四个问题都完成以后。你要将这四个问题作为一个整体来体验。留意每一次的灵光一现，并观察身体反应的强弱。

如果需要的话，跟随你身体上的强弱反应，进入更深入的图式 D 问题。有意义的"双重复句问题"往往会在你问完一轮后出现。所以，你只需用新的问题再次启动这个过程。此时的你已经在内心开启了一场有价值的"量子对话"。这会为你解开难题，重塑自己的力量。各种各样的想法会不断涌现，特别是如

089

朝着任何你认为正确的方向前进。仔细地按照这个顺序进行探索，因为正是这样一个自带开放式问题和可视化图式 D 的"好奇心系统"在推动你前进。

果你打算针对重要的事情采取行动的话。跟随身体的指引——收紧的或放松的，让它协助你发现最重要的那个问题。

练习二：消失的困境

再用另一个难题来进行尝试。这一次，你要找一个让你深感困扰的问题，它可能让你遇到了一些"卡点"。每个读到这里的人，请主动找到一个内在的难题，一个你一直在思考的问题。把问题中的 a 和 b 写下来，这样你就可以轻松地把它们写在四象限图上。接下来，按照四象限图的格式，如图 9.2 所示，以便你可以看着这个图按顺序进行探索。

学会把开放式问题分成动词和名词，过程和内容。最开始，你的问题可能是这样的结构：a."如果你的困境真的消失了……"（第一部分）；b."会发生什么？"（第二部分）

花点时间认真思考你的问题。注意你自己对这个问题的反应，可能是脑中的图像、语言，也可能是内心的感受。

再次快速回答另外三个问题。在依照四象限视觉框架缓慢地进行探索时，留意脑海中出现的话语、画面和身体上的感受。朝着任何你认为正确的方向前进。仔细地按照这个顺序进行探索，因为正是这样一个自带开放式问题和可视化图式 D 的"好奇心系统"在推动你前进。留意整个过程中自己接收到的视觉画面、感受和内在评论。缓慢地探索，打开你的感知系统。直到问完所有问题之后，才让自己停下来。

你实际上是在问这些问题：

- 如果你的困境**真的消失**了，会发生什么？（＋×＋）
- 如果你的困境**真的消失**了，不会发生什么？（＋×－）
- 如果你的困境**没有消失**，会发生什么？（－×＋）
- 如果你的困境**没有消失**，不会发生什么？（－×－）

记住，我们在这里加上了乘号，因为加上开放式问题，会让我们的视觉想象力倍增。我们的想象力常常因其价值之大而令人感到震惊——这是有意义的探索的信号。

观察问题集合给你带来的反应：

4　如果你的困境没有消失，不会发生什么？(−) x (−)

总览教练位置

3　如果你的困境真的消失了，不会发生什么？(−) x (+)

1　如果你的困境没有消失，会发生什么？(+) x (−)

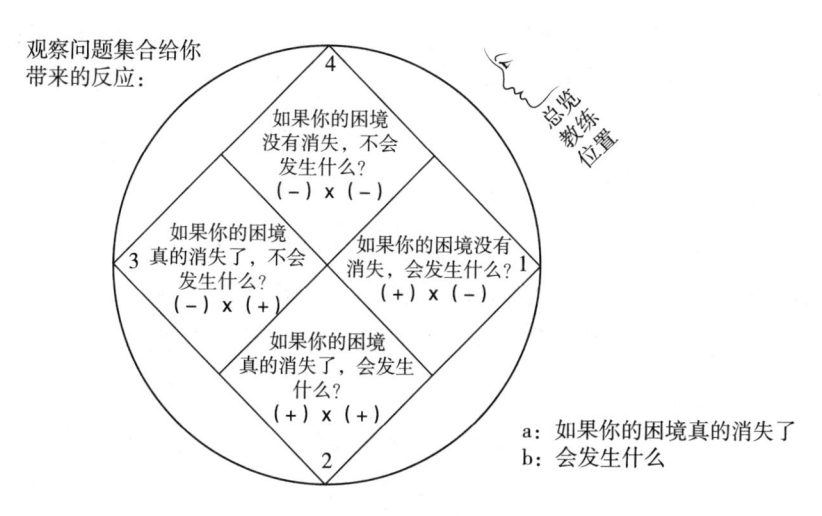

2　如果你的困境真的消失了，会发生什么？(+) x (+)

a：如果你的困境真的消失了
b：会发生什么

图9.2　如果你的困境真的消失了，会发生什么？

在完成探索之后，你观察一下：此时的你如何看待你的挑战或困境？发生了什么？这些问题确实让状况发生了转变，不是吗？

在你的脑海中，是否有些图像被扩大或改变了？是否出现了一些想法？是否出现了一些画面？你是否打开了通往"更深层意义"的大门，从而在问出问题时体验到智慧的闪现？你是否体验到，什么会强化你的身体感受，又是什么会弱化你的身体感受？

回顾和检视更深层次的体验也是很重要的。让自己慢慢地用每一个问题进行探索。在这个句子中，存在两个组成部分：名词"困境"和动词"消失"。在图式 D 的底部象限，我们只问了一个由两个部分组成的问题："如果你的困境真的消失了，会发生什么？"这设定了一个积极的探索框架，将其他问题固定在那个时间框架内。

务必关注每个问题所带来的思考与感受。当一个人仔细思考这些问题时，他就会在某些领域扩展对可能性的觉知。他也会接收到内在的信号、话语或感觉。旧的信念系统自然会被重新检视。

> 站在观察者的视角上，我们可以看到，在思维进程中，更深层次的意义总是会以倍增的方式闪现，从而指向更深层的自我发现。

当你逐个回答这些问题时，你可能会发现一个之前问过自己的问题。但你之前是带着消极的暗示或语气问的。这可能会指向你脑海中一个设定好的"现成答案"。这就是我所说的"受困反应"：一个经常游走的思维系统（及大脑中有髓鞘的、运转良好的神经回路），通常伴随着负面情绪（和软弱）。当你仔细回顾时，你会开始了解这些思维系统，并让自己超越它们，去观察它们。

每个想法的系统都是不同的，所以这四个问题中的任何一个都可能带来一个"现成答案"。每个人都以不同的方式形成自己的典型的"受困反应"。你可能会发现由来已久的习惯性"忧虑"。值得庆祝的是，当你从视野更广阔的四象限视角观察时，你发现自己将永远改变它给你带来的消极影响。

或许你问的是第一象限的问题："如果我的困境没有消失，会发生什么？"你在自己的脑海中发现旧有的反对意见和否定的表述。但是，从教练位置上纵观这四个问题，此时的你可以将所有这些回答作为一个集合来观察。这意味着你扩展了你的全局意识，开始带着不悲不喜的心态，带着好奇心来看待每一个反应，接纳每一种感受。基于观察者的视角，我们可以看到，在思维进程中，更深层次的意义总是会以倍增的方式闪现，从而指向更深层的自我发现。

注意第三象限："如果你的困境真的消失了，不会发生什么？"这有时会产生令人惊讶的悖论和颠倒的结论。于是，我们可以检视这些有趣的反转。我们可能会有一种意义与情感相融合的体验，远远超出早先阻止我们获得更深层次的觉知的"现成答案"。

还要注意当你问出第四象限问题时的内在反应："如果你的困境没有消失，不会发生什么？"很多人会在这里感到混乱！探索这个问题真的很有趣！如果你的困境没有消失，不会发生什么？一般来说，这些问题加在一起，足以冲击那些已经设定好的"忧虑"。你会看到自己"一系列"典型的情绪反应和情感隔离。正是这些情绪反应或情感隔离，会在困境出现时，阻止你进行真正的探索。

如果你用这个流程探索了一个真正的难题，不妨在你的笔记本上写下你对每个问题的想法。回顾你脑海中闪现的视觉画面、洞见和不断涌现的想法，挖出其中的金块，那些真正值得深思的、黄金一般的思想。此时，是否有一个新的问题从困境的迷雾中浮现出来？你是否连接到内在现实的微微颤动？

练习三

继续练习图式 D，直到它变成你自己的一部分。用另一个难题或挑战来尝试一下这些问题的不同版本。务必画出四象限图，配合这四部分的提问，因为这有助于思维的平衡运作。再一次提醒，当你设置好句子中的 a 和 b，记得在提出这几个问题时，观察自己内心的反应。

用越多的问题来探索越好。你会发现每个问题都有一些有趣的特点。在每一次探索中，为了获得更多的视角，不妨将它们呈现在视觉图上，并从教练位置进行审视。借由你的图，把这四个问题看成一个四象限系统。请注意，当你用一个强有力的双重复句问题和另外三个反例来扩展你的探索时，你对每个难题的"感觉"会发生什么变化。

当你做这个练习时，一定要把四象限中的每个问题都用语言表达出来，而且在每个问题之间，保持十秒钟到半分钟的停顿。这让你可以看到并感知到直觉给你的答案。注意区分出现的视觉画面和身体感受，即使它们是同时出现的。

记住，在图式 D 的探索中，重要的是要逐步问完这四个问题，而不是陷入某个棘手难题的困境中，或卡在某个令人百思不得其解的问题上。只有在问完这些问题之后，才把你的观察写下来。这些观察可能包括旧的想法、新的想法和事关全局的想法。这体现了思维系统的整体性，它将我们带入一股自然涌现的自我发现的心流中。

如需进一步探索，请参考附录 7 中图式 D 的进阶练习。投入其中，尽情享受吧！

第十章　思维中的演奏：每天练习四种图式

相互联通的意识系统：图式 A、B、C 和 D

让我们总结一下整个系统。四种图式是在意识进化游乐场上承载思维变化的载体。它们带来了总览全局的视角，也带来了简单有效的方法，帮助我们获得更广阔的视野。每种图式都会支持下一种图式，但每种图式是相互独立的。让我们总结一下这四者之间的关系。

图式 A：激活成就者

一切从图式 A 开始说起。通过对愿景、使命与生命意图的探索，积极主动的成就者拥有了梦想，也构建起了生命发展的游乐场，并持续不断地在游乐场中行进，直到其完成梦想。带着开放式问题的好奇心可以启动这一进程。梦想会被激活，再经历必要的阶段，直至达成。

我们需要对"激活成就者"的生命建设进程给予足够的重视。留意这一进程如何与获得具体成果的自发的兴趣产生共鸣。而这些成果的创造，是围绕着你自己的生命意图展开的。你开启了更为广阔的生活空间，并开始了解你自己的思维游乐场。

图式 B：创造更大的游戏

再看看图式 B 的本质。你会发现它与图式 A 相辅相成，并在图式 A 的基础上进一步拓展。通过图式 B，你会发现通过自我发展与实现精通来获得内在自

在图式B中，成长就是让我们产生共鸣的"一切"。我们逐渐学会建立"现实之觉知"，以匹配我们的"下一个层次"。

在图式C中，所有的"分离"总是能回归"整体"。在观察和欣赏整个系统的意识时，我们会被整体性吸引。

由的具体途径。

通过图式B，我们开始超越最初创造的任何一种现实。我们开始创造更大的游戏，梦想着能够创造出更高级的大师游戏。我们在自我发展的内在实践中，一步一步地向上攀登。自我发展是有路径的，因此每一层次的觉知都被重新组合到更高层次的"现实"之中。每个层次都包含并整合了前一个层次的"内在现实"。游乐场上的要素会依据"更高的相关性"进行测试。

在图式B中，成长就是让我们产生共鸣的"一切"。我们逐渐学会建立"现实之觉知"，以匹配我们的"下一个层次"。在任何我们感同身受的现实中，我们总是可以获得某种促进自我发展的形式。我们所创造的每一个"觉知系统"将成为下一层级的垫脚石。我们建立重要性的阶梯，以便超越任何过分简化的结论，或超越关于我们自己、我们的生命和可能性的信念。我们克服了所有的情感隔离惯性，拆穿了所有的托词与借口，从而让自己坚守真正的承诺，培养出真正的能力。我们继续深化内在智慧，磨炼自己的觉知，直到它指引我们进入人生的下一个阶段。

图式C：连通思维内核

图式C是一个富有美感的系统，可以进一步拓展我们的生命。我们创建一个框架来观察和认识更大的系统，同时，通过认识整个系统的一致性，开始投入其中，与深层核心的整体性密切沟通。在图式C中，所有的"分离"总是能回归"整体"。在观察和欣赏整个系统的意识时，我们会被整体性吸引。这自然地扩展了我们生而为人的能力边界。

通过使用图式C，我们可以将生活的不同面向视作不同的视角，视作进入这个更广阔的觉知系统的窗口。我们会注意到，自己的每一个思想系统都从属于一个更大的整体。每个视角都可以让我们看到不同的光景。此时，多重视角的存在就像离心机一样，是我们提升觉知的媒介。我们看到了它的艺术品质，并由衷欣赏其迷人的特质。

图式 C 必然会让我们进入双重教练位置。我们都在观察和感受其中相互交融的觉知，这样的觉知渗透在整体性系统的方方面面。

每个单细胞生物都从属于一群单细胞生物。这些单细胞生物属于同一个集落，但也是更大的系统的一部分。即使是单细胞生物，也有一个小线粒体支持着它的生存。对于我们自己来说，我们也总是从属于更大的系统，它远超于我们日常能观察到的一切。图式 C 让我们可以看到这样的整体性之美。

图式 C 必然会让我们进入双重教练位置。我们都在观察和感受其中相互交融的觉知，这样的觉知渗透在整体性系统的方方面面。我们正在观察和连通这个内核。同时，我们也在进一步扩展我们的觉知范围。

美是多样的。在一棵树上，枝繁叶茂，繁花盛开……在这样的画面中，我们看见了美。在人群中，有各种各样的面孔，还有各种各样令人惊叹的体型。我们感受到人类存在的神圣。我们聆听教堂里传来的钟声，并为此感到兴奋不已。我们可以听到美妙的旋律，并因此爱上音乐。我们可以欣赏篮子上的编织图案，挂毯上精致的图案。

四象限思维也是如此。四象限的多重视角让我们可以体验到深层意义。由此，我们发现了开悟心灵之美！

图式 D：化解困境

图式 D 通过开放式的"系统"问题进一步推动我们的意识进化，从而让我们进入一个"疗愈"阶段。我们可以将其理解为一种与深层觉知建立紧密联系的方法。有了图式 D，我们可以直接进入这个领域，发现并消化任何负面信息。这些负面信息包括恐惧、困惑或阻止我们前进的内在小妖。只有我们自己能有意识地做到这一点。只有我们自己能学会信任内在进程。

因为图式 D 是一个语言系统，所以它的问题可以让我们获得针对内外在空间的视角，获得探索精神与物质之间的联系的系统化方法。图式 D 的学习可以让你进入内在自我发现的关键形成领域，包括"量子视觉化"的闪现。你会从中发现那些激励人心的问题，激励你与自己内在的、自我发展的发现系统建立联系，并从中学习。

通过深刻的对话和由衷的发问，旧的系统被瓦解，新的系统随即生成。我们学会迭代整个游戏，精进作为玩家的技能，修缮整个游乐场，和改善整个场域本身。

就像图式 B 玩家超越了他之前的游戏一样，我们现在也完全改变了整个游戏，超越了之前所了解的"自我"。然而，与图式 B 不同的是，我们在图式 D 中通过完全消除旧的系统来实现这一点。量子闪现的领悟时刻扩展了我们的觉知，旧的系统随即被溶解，融入更强大的整体系统之中。

涌现是通过溶解发生的。此时，思维中出现了一个全然不同的俄罗斯套娃。通过深刻的对话和由衷的发问，旧的系统被瓦解，新的系统随即生成。我们学会迭代整个游戏，精进作为玩家的技能，修缮整个游乐场，改善整个场域本身。

意识进化的俄罗斯套娃

我们已经多次提到了俄罗斯套娃的概念（参见第一辑附录 D）。花点时间思考这四种图式，即图式 A、B、C 和 D，思考它们如何组合成自我成长与学习的俄罗斯套娃。我们会看到一个"假如式"系统，它自然地扩展了我们的注意力和觉知。每一种图式都会随着前一种图式的变化而变化，但都超越了前一种图式。

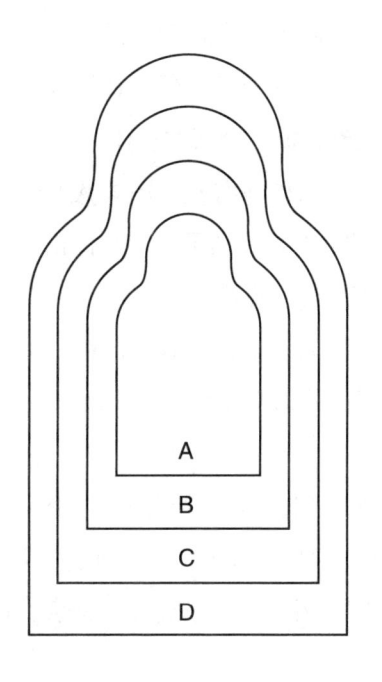

进入全然的思考状态，是我们一生最深切的渴望，也是我们一生最大的努力目标。

图 10.1　组成俄罗斯套娃的四种图式

当我们把欣赏与感激的注意力投注在更大的整体上时，我们就让自己超越了负面的情绪或信念"漩涡"，超越了那些在任何层次上用负面表述让我们深陷其中的语言沼泽。此时，视野更广阔的价值观体验成为我们感受到的意识珍宝。这整合了我们的意识。

虽然你可以从任何一种图式开始探索，但四种图式也显示了内在意义本来的秩序。例如，使用图式 A 来拓展生命的维度，自然会指向图式 B。使用图式 B，在某项技能上实现精通，往往会让人们启用图式 C。只要我们真正开始看见"系统的价值"，图式 C 就会不断出现，召唤我们前进，在我们的觉知中闪耀着美丽的光芒。我们逐渐开始探索意识与超意识，探索刚刚出现的"新通路"。

整体中总是包含着奇妙的悖论。因此，图式 C 之后，我们自然会进入图式 D，因为它是通过图式 C 开启的。在俄罗斯套娃的组合中，它是最大的那个。注意，有了图式 C，你就超越了以前图式 B 的注意力习惯。有了图式 D，你就把所有这些都拓宽了，可以深入探究生活中的困境。你可以从中收获到真正的价值，感受到真正的意义。

不同的图式将如何组合使用，从而支持到每个人？具有象征意义的是，图式 B 倾向于指引思维穿越和超越干扰。图式 C 将这些干扰囊括其中，并将其治愈。图式 D 将之前的干扰整合成一个新的整体。

有了这四种形式，你就从外在游戏（图式 A）进入了内在游戏（图式 B），你就从"观察悖论"（图式 C）发展到了"参与悖论"（图式 D）。慢慢地，你就可以用图式 D 问题来超越悖论，获得自由。

图式 D 紧随着图式 C 出现。通过图式 C，我们感知到整体性的存在，并以此来发展教练位置。有了图式 D，我们可以实现进一步的发展。我们可以以这种方式探索内在生命活动的所有方面，感受我有、我做和我在的人生舞台。

图式 D 的矛盾本质决定了我们要带着真正的意图与决心进行探索。进入全然的思考状态，是我们一生最深切的渴望，也是我们一生最大的努力目标。正如那个禅宗寓言所说的：首先，寻牛；其次，得牛；然后，牧牛；最后，骑牛归家。

结合四种图式：和谐的自我发展

当全人类的意识场在发展时，这四种图式共同为我们呈现了深刻的意识进化的惊鸿一瞥。这是我们自己面向深层次意图的、不断进化的注意力的四个面向，为的是形成一种以价值观为核心、以愿景为核心的进化意识。在这种意识下，我们所有人都可以共同实现和谐发展。

阅读任何一位伟大的精神导师的传记，你几乎总是会发现这四种图式都在发挥作用。这四种图式贯穿了他们生命故事的开端，他们的实践，他们的内在发现与重要收获，也体现了他们实现精通的意识发展步骤。这四种图式将他们与他们的深层觉知联系起来，变成一种良好的思维习惯。他们勇敢地向内心发问，探索未知。他们愿意犯错，愿意朝着新的方向探索。他们相信自己的内在智慧。

视角与选择

我们可以将这四种图式组合在一起，就像管弦乐的演奏一样，发展不同的视角，获得不同的选择。在每个独立的项目中，这四种图式总是会一起出现、交互和扩展。它们紧密地连接在一起，变成帮助我们实现自我精通的"视角组合"。

思考一下不同图式的内在结构与相对优势

图式A：激活成就者。它意味着每个人都以包容而独特的意识来回应不同的选择。我们始终把自己当作拥有独特视角和独特需求的探索者，以这个身份体验着完整性。然而，在任何项目的推进中，我们都学会了控制自己的恐惧。这能让我们获得与他人同等的成就。

图式 B：创造更大的游戏。这意味着我们从一个非常独特且单一的小视角开始，然后逐渐发展到更广阔的视角。我们积极地开辟自己的进化路径，不断扩展自己的视角。带着个人的生命意图，我们经历了前进的不同阶段。由此，我们发展出了转变和扩展的意识。

图式 C：连通思维内核。图式 C 可以让我们体验到多元但又独特的愿景画面。它的存在表明，即使我们只关注某个特定的目标，局限在某种狭隘的伙伴关系中，或秉持着某种文化观点，但当我们瞥见自己更大的多重本质（即便是隐喻式的）时，内在对生命意图的向往也会因图式 C 而发生变化。有意思的是，我们学会了接受拥有更广阔视角的内在"身份"。这里存在一些危害。因为如果这被视为一种单一的特质，可能会生成新的意识形态。我们会发生改变。带着这样的想法，当我们再去尝试其他事物时，它可能会占据我们的大脑。反之，但我们将其视作拥抱整体性的符号时，我们就会越来越有能力踏入无限扩展的整体性中——即使我们可能矛盾地把它看作一个排他的系统。

带着对完整性的觉知，不论在哪个容器中，我们总是能够意识到多重视角的存在。我们发现了内在的和外在的、收缩的和扩张的、远远超出个人自我的系统。通过观察思维的曼陀罗图，我们获得了更为广阔的系统觉知。从更大的公共视角出发，我们能够认识到整体的共同价值观。现在，独立而排外的视角被视为更大的事物之中更小的部分。

图式 D：化解困境。它让我们可以从既包容又单一和既包容又多元的视角来探索场意识。我们学着有意识地去做这件事。我们可以开始让所有方面共同发展，在我们所探究的每一样事物中有意识地体验美的存在。我们体验到更大的背景，将其作为自己可以投身其中的整体觉知系统。自我的消融意味着，我们愿意消解部分意识或部分自我认同，从而创造出更大的东西。我们越来越愿意在任何时候都做出这样的选择。这意味着，我们可以有意识地瞄准更广阔的生命意图。我们建立起了对深层觉知的信任。

顺着全系统觉知的脉络理解整体，我们生发出多个核心意义，发现多条自我发现的路径。带着专注力，我们逐步靠近内在现实与生命意图的更广阔疆域。

顺着全系统觉知的脉络理解整体，我们生发出多个核心意义，发现多条自我发现的路径。带着专注力，我们逐步靠近内在现实与生命意图的更广阔疆域。我们将所有的系统整合在一起——活出正直，活出完整性。我们学会将进化的过程带入我们内在的"超越"。逐渐地，它也让我们"发展神性"，发展出真正的图式D，发展出对内在智慧的觉知。

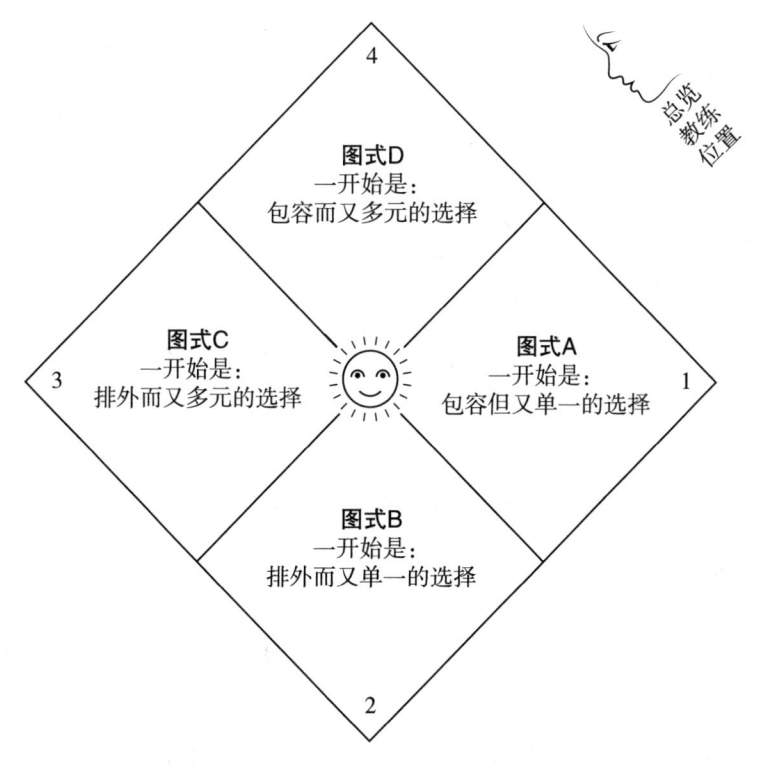

图式D
一开始是：
包容而又多元的选择

总览教练位置

图式C
一开始是：
排外而又多元的选择

图式A
一开始是：
包容但又单一的选择

图式B
一开始是：
排外而又单一的选择

图10.2　图式A、B、C和D带来的视角和选择

当思维之舟停泊在港湾里时，我们建造起专注的大船，先开始动起来，然后再让思维稳定下来。当我们有意识地激活这四个卓越非凡的"能力引擎"后，我们就会扬起风帆，满怀信心地驶向内在的进化。我们可以学着了解所有的天气系统。这意味着智慧的海洋将成为我们的老师。在行进中，我们收获了平衡而稳定的觉知。此时，智慧将出现在生活的每一个角落里。

思维的发展是永不止息的。智能在持续增长。心脑之间的联系不断加深。这些生命之存在同时在发生，就像层出不迭的肥皂泡一样。

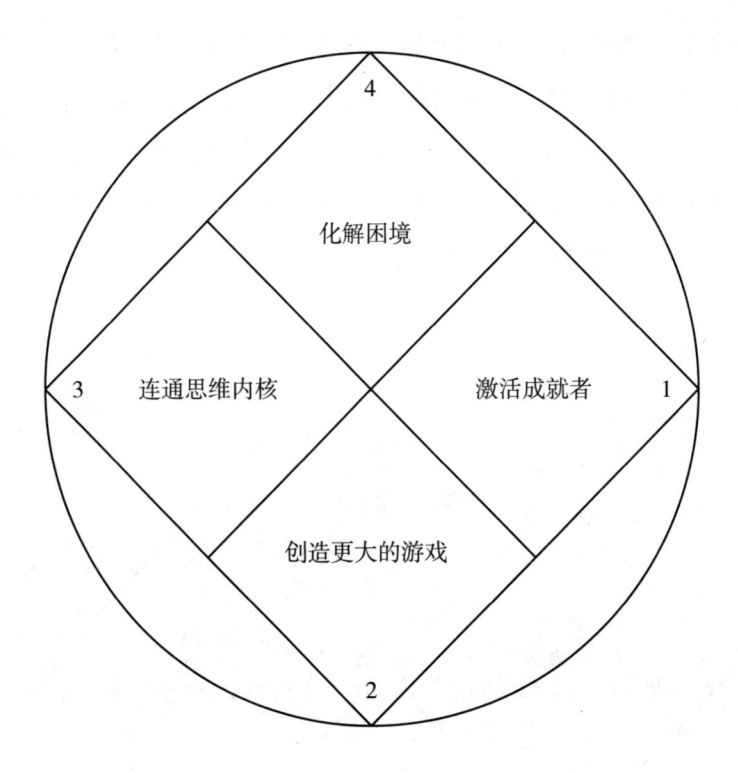

```
         4
      化解困境
3  连通思维内核    激活成就者  1
      创造更大的游戏
         2
```

图 10.3　将四种图式组合在一起

真知的涌现：真正的游戏

注意，随着意识的发展，整体性逐渐浮现，真正的游戏才刚刚开始。伴随着对这一目标的关注，我们每个人体验到越来越多的创造性涌现。

思维的发展是永不止息的。智能在持续增长。心脑之间的联系不断加深。这些生命之存在同时在发生，就像层出不迭的肥皂泡一样。其中，总是存在某种涌现。要知道，我们生活在一个创造性涌现的宇宙中。

当我们真正允许自己投身于创造性进程中时，我们就会发现，只要我们在某一个层次上找到生活的平衡，内在就会涌现出去往下一个层次的冲动。在我们的一生中，我们从未停下发展与前进的脚步。

我们渴望立足于天地之间。我们跳过峡谷，越过艰难险阻。这就是生命的意义所在。**我们想要探索自己的极限。**

涌现就像新生，充满了神秘感。我们常常发现自己被旧的思维系统"禁锢"住。在我们学习了这四种图式之后，我们会挑战自我，与这些旧有的天气系统对抗，问出一些暂时无法回答的深层次开放问题。

忽然之间，意识有了创造性的飞跃，我们进入了完全不同的自我觉知疆域中。我们体验到不同层次的**存在**。而且，这个存在拥有与以往完全不同的内在与外在的感知、评估和意图。与此同时，我们可以获得截然不同的、更为丰富的内在智识。真正的自我意识逐步浮现出来。我们的心灵得以栖息在更广阔的自性之中。

对自己说"是"

注意，你要一直对你自己的发展说"是"，对每个发展的机会说"是"！你可以为此感到自豪。这是人类最深的渴望。我们自然会向前迈进，自然会尝试寻找方法。我们渴望立足于天地之间。我们跳过峡谷，越过艰难险阻。这就是生命的意义所在。我们想要探索自己的极限。

当你在自己的发展中前进时，你会注意到，当你专注于它时，意识将开始以量子跳跃的方式出现。当你使用书中的方法与工具来消解任何一个旧的限制性行动模式时，你的思维将提升到整体更协同的意识水平。教练在很大程度上会助力于这一提升。

观察涌现出来的觉知，我们可以看到并感受到自己俄罗斯套娃般的涌现系统。每个有凝聚力的系统将整合并包含它的前身。不用遵循他人的学习路径，我们可以找到自己整体性的自然秩序。

最近对 DNA 和基因组的研究开始从生物学上证明这一点。例如，鸡的胚胎发育和它的祖先恐龙一样，最开始，需要 10 个小时的时间来发育牙齿、5 个脚趾和尾部的 24 块椎骨。然后，它很快将 24 块椎骨缩减为 14 块，演化出鸡的 DNA 序列。鸡没有牙齿，两只恐龙爪子也被缩减了。但恐龙的 DNA 序列是鸡的 DNA 序列的一部分。前者被包含在后者之中，就像俄罗斯套娃的结构一样。

所有意识都是我们发展的基础，而且这是非定域的，是我们赖以生存的基础。

这似乎也适用于人类的思维涌现。

当我们在之前的发展道路上消解旧的习惯和思维时，我们的自我觉知"配方"也会迭代。我们毫不费力地开始按照自己的深层价值观生活。如果能够在整个生命发展进程中学会保持教练位置，你就会开始成为自己发展的促成者。这将成为一款很棒的思维游乐场开发游戏。当你对此非常熟练时，你自然会把这款游戏传递给其他人。

所有意识都是我们发展的基础，而且这是非定域的，是我们赖以生存的基础。通过你手中的"借书卡"，你可以连接到人类图书馆中的所有意识。你需要做的只是，让自己在教练位置上，发自内心地问出开放式问题。要知道，**所有这一切，都关乎你是谁。**

愿教练与你同在！

第四部分

完整性：

觉知的空间

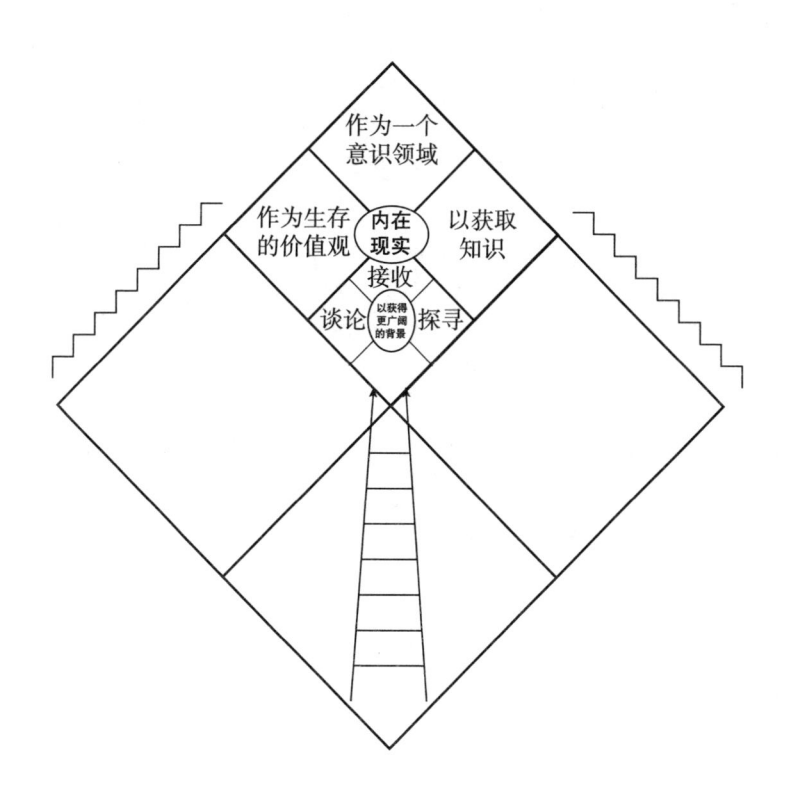

作为一个
意识领域

作为生存
的价值观

内在
现实

以获取
知识

接收

谈论

以获得
更广阔
的背景

探寻

第十一章　借假修真

在第四部分，我们将重新组合来源于四种图式的洞见和第一辑的思维框架。在更大的背景下理解四种图式是很有帮助的。

用四象限问题化解曾经的混乱

观察化解任何事物的过程很有趣。为什么要探索"化解"的过程呢？开阔的视野自然会消解陈旧的思想。还记得吗？第四象限代表着无比宽广的整体性觉知，是触手可及的。摆脱消极想法以后，我们的思维可以提升到开放认知的新层次。面对生活中的模糊性与"困惑"，我们希望让自己保持放松，同时保持好奇。

我们可以考虑重新定义"混乱"。我的建议是把混乱看作寻宝活动中的第一条线索。然后，你就会发现任何感到混乱的时刻都是通往内心平衡的踏脚石，或许是十步之中的"第一步"。使用四象限方法，你可以将混乱视为重要的提问过程的开始。混乱的感觉就像指针一样，指引你找到关键问题！图式 D 可能在召唤你。

混乱往往会把你的注意力局限在某些特定区域。就像在浓雾中一样，你仍然可以移动，但在重新获得总览视角之前，你只能缓慢地、一步一步地移动。这意味着你需要找到最重要的问题。你可以问："此时，什么对我来说是真正重要的？"然后你再问："关键点是什么？"通过聚焦于关键点，你正在向内心发问，让自己从混乱走向领悟，哪怕只走了整个路程的十分之一。在通往自由的阶梯上，你迈出了自己的下一步。

当你说"我很混乱"时，会发生什么

你可能想知道混乱是怎么出现的。对大多数人来说，混乱的体验或感受实

> 一旦人们相信他们是混乱的，他们实际上就锁定了一种身份认同的思维模式。

际上是伴随着身份层面的内在自我宣告发展起来的，典型的表述是："我是混乱的。"一旦人们相信他们是混乱的，他们实际上就锁定了一种身份认同的思维模式。"我是谁"这个想法中所包含的假设会让我们进入"自我"意识特定的"符合逻辑"的表述之中。

通过将"自我"表述为混乱的，这个人可能会将"混乱"锁定在许多相关的意识区域。我们说"我是混乱的"，于是就有了混乱的感觉。混乱意味着"融合"，而融合会打乱感觉、思想和愿景的秩序。把想法和负面评论混在一起很容易让人产生痛苦。我们在身份层面上表达"我是"、"我知道"或"我想要"，也是在身份层面上将自我与痛苦经历联系在一起。天呐！

一旦找出"是谁，是谁想要"的问题核心，我们就能找到整个思想系统的内在逻辑。我们可以从整体上总览全局。有时候，人们只在必要的时候才对某个话题或想法感兴趣，因为这是"不得不做的事"。人们关注的是短期的、具体的行动步骤。这加剧了混乱的程度，因为人们的关注范围变得如此有限。从逻辑上讲，人们认为自己的行为是"自己"的事，人们必须做出一系列选择，包括"该做什么？在哪里做？何时做？"。这些问题目前可能还没有答案。

这个人可能只会问："这对我有什么好处？"然而，其他关键问题实际上可能更加重要，比如行为层面的"我该如何处理？"或价值观层面的"为什么这很重要？"。这些问题的出发点可能是更广阔的背景，比如"通过解决这个问题，我将成为谁？"。

"究竟是什么？""何时？何地？"这一类问题很容易让我们变成冷漠、思维混乱、愤世嫉俗的人，因为当我们问出这些问题时，改变可能看起来很困难或几乎不可能。我们还不知道它为什么或如何对我们重要。例如，当我还很小的时候，我很怕我的拼写老师，害怕他批评我。英文拼写很难，所以我会记住一些拼写"规律"，他马上会指出一些规律之外的情况。这让小小的我感到震惊与"混乱"。我就像在自我麻痹一样，带着这样一个"混乱"的咒语，开始把"我不知道"投射到生活的其他方面。

或许你也像曾经的我一样，以非常局限的方式处理问题，在压力下分散自己的注意力，让自己卡在那里。任何"带来混乱的思维模式"都会导致你形成只启用一种或两种感官的习惯。为了自我保护，你缩小了自己的关注范围。思维混乱的模式很容易成为习惯。如果你学会了以一种僵化的习惯来回应内部对话中的评估，你就很容易陷入这些后天习得的思维系统中。在以前的困境中，这些习惯曾经帮助你克服困难。

再举个我自己的例子。当我还是一个小女孩时，我会在人声嘈杂的地方做作业。我对周围的事物充耳不闻，只专注于我正在阅读的东西。这曾经对我来说是非常高效的习惯，但现在，变成了我的限制。纵观你的"四象限选择创造系统"，注意任何一个僵化的思维惯性或非黑即白的想法，这可能都是你在过去形成的。可以说，这些可能都是曾经让你"身陷囹圄"的压力来源或困境。你可能会在这些思维惯性中发现"发出指令的词汇"，比如"必须""不得不"和"应该"。注意这些词汇给你的身体带来的紧张感。

选择去发现那些使你意识收窄的盲区或卡点。你从哪里开始学会用特定的问题来限制自己的思想，让自己只关注那些意料之中的、"必要的"行动步骤？

也许在这些地方，你学会在大多数时候从某个内在视角或"感知位置"来观察自己的生活。也许你学会了习惯性地"从现在联想到过去"，或者"担心即将到来的最后期限"，而不是拓宽自己的视野，以其他方式思考。也许你倾向于"缩小范围"，考虑无关紧要的细节，或者相反地，"扩大范围"，上升到哲学的高度。当你与一种思维模式"融合"时，这些习惯很容易给你带来"混乱"。在这些方面，你可以小心翼翼地前进，直到找到你自己真正的真相。

在教练位置上持续追踪

注意，仅仅只是一个下午的探索，你也能很快驱散某个问题带来的混乱迷雾。保持你的好奇心，重新找回内在的平衡。你可以开发出以成果为导向的提问方法，让自己超越所有让人深陷其中的情绪陷阱或语言漩涡。

图式 D 的提问方法可以帮助你走出困境，让你在"混乱"中发现过去几十年来形成的僵化思维和盲点。带着好奇心问一些开放式问题，拨开曾经的混

> 对不断变化的整体性里里外外的欣赏，将为我们创造出持续进行积极评价的动态系统。

乱迷雾，特别是要围绕着你的价值观和愿景进行探索。这会让你借助强有力的问题开始改变人生，你很快就会超越那些最根深蒂固的、消极的"自我信念"或"身份困惑"。

超越混乱的技能需要多加练习。结合开放式问题来使用这四种图式，你可以在任何造成困境的想法出现时保持稳定的教练位置。真正开始做教练位置的练习吧。总览你自己的价值观和目标。你可以逐步掌握图式A、B、C和D的流程，将其作为自我探索的跳板，并在过去的自我判断占据控制权时，用每种图式的"深度探测"来锻炼保持教练位置的肌肉。

发展动态的四大系统觉知

假装自己精通于此，然后你就真的能实现精通！把你自己看成一个整体，所有"雾霭"自然就会开始消散，真实自我的觉知之光将照耀到每一个地方。你可以为今天的自己开始第一步行动，推动自己持续前进。对不断变化的整体性里里外外的欣赏，将为我们创造出持续进行积极评价的动态系统。从教练位置上看，我们可以通过内在四象限的可视化来感知整体性与价值观。

用四种图式来进行自我教练意味着，你学会了使用视野开阔而又清晰明确的、"内观"的问题。通过自我教练，你开始看见多种多样的选择，拓展自己的感知。你开始发展出自己的优先级排序机制，也发展出灵活的感知系统，让你去探究什么是你真正想要的，问出指向重要性与选择的关键问题。这类问题通常是逻辑层次上价值观层面的问题。现在，针对不同状况，你可以问出这样的问题："为什么灵活性在这里非常重要？为了实现自我发展，我该如何重新安排我的生活？"

通向内在平衡的自由阶梯

有时候，思维中的混乱就像一阵大风卷起的漩涡。针对那些"棘手的问

有意义的觉知空间就像温暖的灯塔，足以让迷航的人穿越所有迷雾。你会感到由衷地兴奋，清晰地聚焦于你已经在问的内在问题。你开始发现价值观之流动，即使你仍然身处困境。

题"，将逻辑层次和图式 D 问题结合在一起使用很有帮助。[11] 第一，用逻辑层次问题将愿景与价值观结合在一起，了解问题的关键，然后用图式 D 来探索在过往的困境中频繁出现的思维模式。（参见附录 4：思维的逻辑层次。）

第二，聚焦于真相之觉知。步骤很简单：

- 首先，通过总览你的四象限整体系统，稳定自己的心绪，化解眼前的困境。向你的内在寻求真相之觉知。你可能会注意到，在某些地方，你可以对内在现实所显现出来的目标说"是"，可以由衷地欣赏自己……即使是一些非常简单、非常微小的地方。
- 其次，当你注意到"混乱"通常出现在哪些个人问题上时，相应设置一系列图式 D 问题。问问你自己：在这个问题上，潜在的可能性是什么？主要目标是什么？你怎么才能真正注意到它们的存在？

第三，选择一条内在工作的路径。也许可以使用不同的图式 D 问题来探索你的人生追求，直到你当前最关注的问题变得越来越清晰。

这三步骤策略可以帮助你进行系统思考。在接下来的几个星期里，你可能仍然需要支持自己将注意力放在"习惯的改变"上，但你的确已经逐步上路了。

使用四象限问题，面对"混乱的漩涡"，你可以开始进入更广阔觉知的清晰境地。有意义的觉知空间就像温暖的灯塔，足以让迷航的人穿越所有迷雾。你会感到由衷地兴奋，聚焦于你已经在问的内在问题。你开始发现价值观之流动，即使你仍然身处困境。当你看到并感受到任何困境的四象限本质时，你的教练位置会变得越来越稳定。

重塑真相之觉知

当你着手改变混乱的状况时，你开始理解自己的许多问题是怎么形成的，看到其中的结构，因为所有问题陈述都具有某些特性，往往局限于一个象限的因果信念系统。问题描述中往往包含一些作为简短总结的证据和结论。我们最

超越恐惧去扩展！当我们以终为始时，即使我们面对恐惧，依然能够取得强有力的成果。

好使用四象限评估系统来重新检视它们。针对过去形成的强大信念，不考虑使用图式 D 系统来瓦解它们。

假如你发现了恐惧或其他强烈情绪的存在，你需要仔细地将整个系统视觉化呈现出来，以便能够从整个系统中获得平衡的整体观。将系统视觉化确实是有帮助的，你可以因此一步一步地走上自由的阶梯。

超越恐惧去扩展！当我们以终为始时，即使我们面对恐惧，依然能够取得强有力的成果。问问你自己："你更远大的生命意图是什么？"你如何大方宣告这一意图，强化你正在生成的觉知呢？

认真设定你自己的生命意图，借此学会超越那些包裹着浓厚的负面情绪的情感隔离，让自己的意识实现扩展。

图式 D 和神经可塑性

让我们来看看，在启用四象限视角时，大脑中到底发生了什么。使用图式 D 提问时的功能性磁共振成像（fMRI）会让你大吃一惊。

首先，在使用平衡的图式 D，即四象限逻辑来问问题时，我们猜想神经网络会重新组织起来，特别是当我们针对一个有四个反例的问题框架保持教练位置时。

杏仁核是情绪脑的区域，它会检视过去的问题。通过发展出视野更广阔的的"脑回路可视系统"，将大脑中更多区域连接起来，你可以在大脑中创造新的神经连接，封存过去形成的杏仁核"攻击"惯性或恐惧带来的干扰。

通往真相的路径

使用四象限方法，你可以养成将整个框架视为系统的习惯。你现在可以开始问更大、更复杂的问题。这意味着过去因果论断的障碍不会再变成循环播放

大脑自己就会发生改变！随着可视化区域的深化与扩大，大量的神经元区域也被赋能。大脑中形成了更多的神经元连接。

的内在对话，也不再是旧习性带来的障碍。脑中非此即彼的论断不会让思维收窄成只剩一个选择的通道。我们正在构建系统思考的广阔平台。

通过观察整个系统，神经科学家会告诉你，你正在学着让更广阔的思维追随好奇心的脚步，重新建立和发展所需的神经通路，从而有意识地重构自我。你的大脑正在经历全面发展，其中发挥作用的是神经科学家所称的可扩展的神经可塑性。[12] 你在创建新的神经网络，它让你可以在分布更广泛的神经通路上，发展你的价值观觉知（和教练位置）。我们感受到其中广阔无垠的开放性，看见有意义的人生方向。

大脑自己就会发生改变！随着可视化区域的深化与扩大，大量的神经元区域也被赋能。大脑中形成了更多的神经元连接。在思维方面，你在每个"思维层面"上都建立了观察者位置，甚至对自我观察的过程本身，也是如此。

换句话说，所有的四象限探索，特别是图式D，为你提供了让你可获得自由的视觉全息图。你会发现大脑中浮现出来的问题，这自然会把你带离任何过于简化的因果性归因，而这些归因是过去收窄意识的负面思维形成的。现在，人们可以更容易地以总览视角看待问题，也更容易提升情绪智能。

米开朗基罗的发现

一旦你开始用四象限流程来进行探究，你就奠定了自己的发展基础。通过审视过程中闪现的视觉画面，感知从中生发的共鸣感，你可以迅速拓展探索的疆域。平衡的内在系统正逐渐显现在你面前。这就好比米开朗基罗在大理石跟前感知大卫雕像究竟将如何呈现。通过以这种方式思考，你学会让自己保持在教练位置上。

充满喜悦的体验！——这是一次美妙的再融合！这也意味着，你会逐渐对自己的内心选择提出更好的分析性问题。你现在可以保持总览视角，可以探索："这个问题的结构是什么？那些曾经带来困惑的想法是怎么形成的？在我为未来的选择打造基础的同时，如何更好地保持平衡，如何让自己更灵活？"

将所有四种图式作为跳水板，让自己扎入内在现实的海洋，深深地扎入水中。穿越那些负面归因的"确定性"。在内在现实的深水中，领悟并感受价值观的深刻本质。

有了精心设计的四象限地图，你总是可以看到更多。你开始获得越来越多的勇气，让你足以穿越任何情感隔离的层层阻碍，进入真相之觉知的宁静与平衡之中。你开始培养自己的能力，朝着最困难的目标勇敢前进。

一旦你以这种方式处理生活中的问题，你就会开始放松下来，并爱上探索的过程。现在，图式 D 成为进一步解锁图式 B 和图式 A 的强大助力，也缓缓开启了图式 C 的深层价值观体验。我们的愿景自然会在右脑的探索中展开，围绕着最深远的生命意图，成为我们内在整体的"思想领袖"。语言与意图的行动思维及其在左脑的思考特质，就像受委托的代理人一样，开始提出关键问题并采取下一步行动。我们在生活涉及的所有层次上体验到内在一致性，于是，我们可以在每一天感受到对生命的热忱。

将所有四种图式作为跳水板，让自己扎入内在现实的海洋，深深地扎入水中。穿越那些负面归因的"确定性"。在内在现实的深水中，领悟并感受价值观的深刻本质。学会带着这些价值观体验，带着你对自我的坦诚，在重要的人生议题上，开辟出"深度探索"的路径。

开始建构你自己探寻内在现实的稳定系统吧，让自己在多层次的内在生命之中感受内心的宁静！

第十二章　在悖论中体验真相

在第一辑和第二辑中，我们在不同的游乐场中进行探索。我们可以将四象限系统当作通关秘诀，提醒自己至少以四种不同方式实现内在的发展。我们需要关注感受、感觉和选择产生的过程，这相当于整合和平衡不同的感知。这些自我发现的过程让我们能够体验整体觉知的整个系统，从而为自己的问题找到答案。我们就此真正理解了什么对自己是有意义的。

将内在现实具象化

我们需要感知一些事物并将其具象化，来了解这究竟有多真实。我们需要选择自己的探索路径，并抱持这些独特而互补的生命探索模式的悖论。图 12.1 的象限图后面的米开朗基罗就是我对这种多重感官生命具象化的隐喻。该图旨在强调"思考真相"的不同方面及我们如何在生活中体验到这些方面。多年以来，我一直结合这个图像来观察自己，将觉知与人像的部位联系起来，包括手部的感受和想法、腹部的知觉和胸部的整合。

如果你把意识作为整体来探索，你就可以让自己抽离其外，总览全局，并在脑海中进行视觉画面的回顾。即使是非常迅速地以抽离视角总览全局，也能让大脑焕然一新，获得全新的体验。这意味着我们可以连接到自己的内在现实，获得整体一致性的体验，领悟兼容并包的完整性之形式。通过将不同方面的观察者思维与内在的探询联系起来，你可以持续迭代每一个角落的思维系统。

这自然会扩展你对全息的内在一致性或真相的觉知。

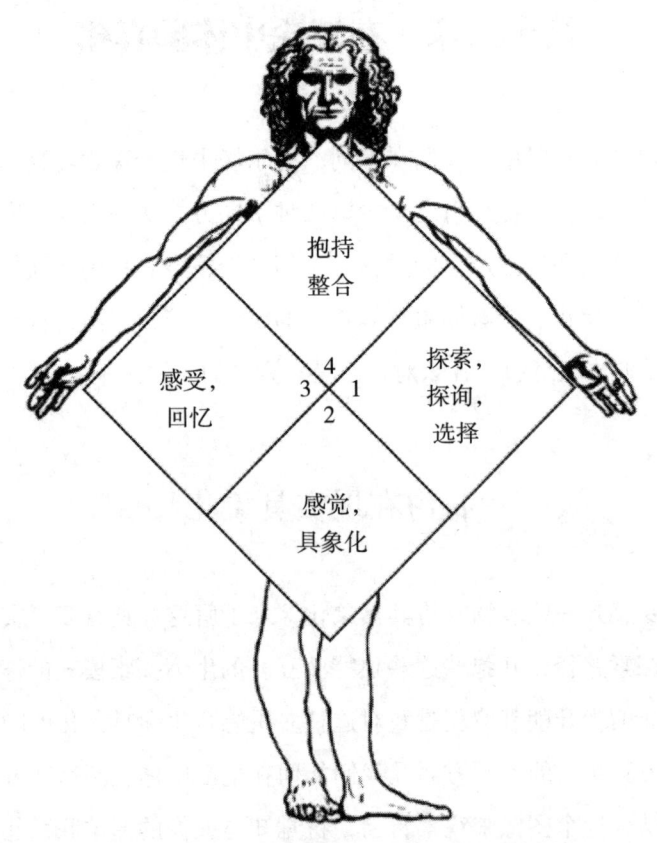

图 12.1　思考过程：感觉、感受、探询与整合

接下来，我们将要探索的是……

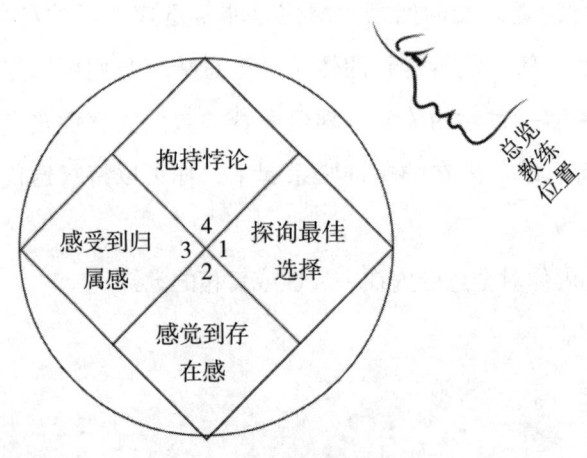

图 12.2　内在体验：感知整体

感受让我们能够衡量自己的一致性和目的性，并整合和理解许多其他的品质。

感知整体/核心

让我们来总结一下。感知的四象限为我们持续的自我发现呈现出了一个虽粗略却有用的框架。我们可以用这种真正连通思维内核的方式在四象限上进行探索。我们冲刷掉头脑中的所有堆积物，重新注入新的感知，让觉知系统焕然一新，重新拥抱每一刻的积极感知。

随着你获得不同的感知，你在这些象限中的探索也在扩展。当你使用图式A、B、C和D时，每种图式也会为你的内在探索与发展开辟出更大的空间。

你正在塑造你自己的内在核心，维持你自己的平衡，秉持你自己的价值观和呈现你自己的完整性。你是一个探索者，正调动你自己的神经系统投入其中。这个过程让你能够保持自己的立场。如此一来，创造力与想象力得以迸发，就像二月初怒放的番红花一样。四象限系统成为可以全面监控这一切的简单框架。

感受真相的运转，找到开放式问题

感受是真正有意义的，它让我们可以与他人的经历感同身受。感受让我们能够衡量自己的一致性和目的性，并整合和理解许多其他的品质。这些品质完全是内在的，是我们内在生命的一部分。有了这些意识，我们就能与他人达成一致。我们感受到自己在一般情况下对他人的评估，也感觉到将这种一致性合理化的"方法"。我们再次让自己成为群体中的一分子，从而唤起记忆，即记得、想起、回忆。

从总览视角出发，我们可以很容易就完成第一象限的探询。我们通过自我愿景与自我宣告迅速强化这一进程。第四象限的"悖论"，让我们知道什么样的心流正通过觉知流经我们。

在任何时候，都要花时间关注你的知觉、你的感觉及你针对目标提出的问

智能打开了我们的觉知通道，让我们可以感受到更广阔的境界。我们让自己投入真我的无量之网中，深度探索人类共同意识的所有面向。

题。然后，让自己停下来，深呼吸，抱持整体性的悖论，了悟你更深层的生命意义。留意在这焕然一新的时刻，整体性在你的生活中的所有表达，与此同时，让自己保持与这一深层认知的连接。

通过形式进行思考——抱持与整合

整体而言，当我们将身心之间的联系视觉化并带着问题进行探索时，我们的身心将变得更强大。你已经在本书中体验过用四象限思维来思考。那是充满活力与创造力的过程，是真正让智能实现发展的工具。智力不是智能。智力意味着我们将注意力局限在想法上，而智能实际上意味着我们要扩展所有的觉知通道，包括大脑、心、身体及我们内外在生命的所有组成部分。智能打开了我们的觉知通道，让我们可以感受到更广阔的境界。我们让自己投入真我的无量之网中，深度探索人类共同意识的所有面向。

任何一个四象限思维模型都是一种创造性处理工具。正如你在这两本书中学到的，你正在使用各种四象限系统进行探索，运用投入和抽离的方法来实现个人发展。

我们想要有意识地扩展我们的思维矩阵，开辟通往内在觉知的四种关键图式的通道。通过这种方式，我们得以将自己更深层次的智识融入意识之中。

探索核心发展的四种不同方式

感知所能触及的范围是很广的，不是吗？这就是我们把感觉、感受和思考结合在一起时，需要经常停下来重新关注感知的原因。于是，我们就可以像指挥家一样，指挥内在的动态系统进行演奏。探索意识的多种形式可以让我们提出更大的问题，让我们分别走进每个象限，在每个象限的探索中将自己的注意力集中在所探索的这一个象限上。

1. 第二象限：通过身体感受体悟到"存在感"

现在当你读到这里时，你在感知什么？也许你会注意到身体上的感受，或许是你的呼吸。你在第二象限的感知包括所有你在身体上感受到的局部觉知。

我们身体上的感知可以是广阔的，并在我们投入其中的时候被放大。注意力的多个面向让我们呈现出内在的物质世界——我们的触觉体验——和身体觉知的整个范围。我们的身体意识会给我们一两次刺激，在当下唤醒我们。

2. 第三象限：感知彼此的"归属感"

第三象限的主题是感受他人。这是很重要的，因为我们总是在检查彼此的一致性。我们在多个层面上感受与我们在一起的每个人。此时，镜像神经元就在发挥作用。这就像是我们可以站在他们的立场上，用他们的眼睛来感知这个世界。这个人真的知道自己在说什么吗？他的内心是如何感知他所谈论的东西的？

在任何对话中，我们总是能感觉到这种内在联系所产生的流动。在对话中，我们要检查原命题与逆命题。我们要检查来路与去路，投入与抽离。我们总是可以花些时间，日复一日地感受这种归属感和对伙伴的信任感，如何让我们对生活中更深层次的事物感到真实。

在第三象限中，我们也都能感知到彼此"多层次"的存在，这意味着我们能以各种方式感知和测试自己的"共同意识"。例如，回想一下产生信任的体验。在对话中，你发现自己如何体验到归属感？你与对方建立了多大程度的信任？在信任感的度量尺上，从1分到10分，可以打几分？还是说，你发现的主要是不一致的地方？

你可能马上就会注意到你信任度的数值，从1分（低）到10分（高），展示出你在一次"新的"对话中打造出的信任。如果你想提高1分，你可以问出一些命中要害的开放性问题，或者指出一些需要注意的地方："嗯，关于……，需要考虑什么？"或者"在这种情况下会发生什么？"。你要仔细聆听对方的回答，确认表达的前后一致性与准确性。你可以通过这种方式提升你的信任感吗？

3. 第一象限：通过不同选择进行思考

在第一象限中，你如何找到自己的最佳选择？你需要对内在对话保持觉知，这是帮助我们找到最佳选择的关键框架。你会用感知到的不同选择的愿景画面来审视自己的选择，还是说你注意到了自我质疑的声音？当我们审视不同选择时，我们经常会质疑自己的问题。

4. 第四象限：抱持悖论

我们在生活中寻找更深层的意义时，总是会被第四象限吸引。我们总是会发现，更深入的探索在召唤着我们去获得更长远的发展。

请注意，我们所做的选择和"完美"选择之间通常存在差距。然而，我们的兴趣、灵感和好奇心可以一步步指引我们重新投入其中。对深层意义的那份信任让我们越来越接近内在现实。

这是我们所有人在学习和保持觉知的过程中的基本认知。我们永远不会取得"完美的结果"，而是必须同时抱持持续变化且动态扩展的整体系统和互补且独立的多种觉知所形成的悖论。无论我们当下这一刻感到多么"清晰"，总是会有"进一步"的有趣发现在等着我们。

四象限范式假设——价值观产生影响

就像阳光透过云层逐渐驱散薄雾一样，我们所体验到的内在现实也能够穿透层层迷雾，闪现出耀眼的光芒，特别是当我们用可视化图表来提问时。当我们把"价值观框架"当作思考的核心框架时，它实际上可以帮助我们思考。你只需要把想法放在思考框架之中，自然就会有所发现。这就是"范式假设"，是很棒的思考指南。我们如何让爱、平衡、灵活、喜悦与自我了悟帮助我们完成

通过内在的平衡觉知，我们可以分别从内和从外看到所有问题的整体状况。在整体状况中有所聚焦，会促进我们发展出投入的教练位置和观察者意识。

思考呢？

四象限思考进程尤其有价值，因为通过这样的思维练习，它让我们迅速超越喋喋不休的内心对话，超越线性思维和"小我"的拉扯。思维地图可以帮助人们通过思维框架进行思考，形成内在的思维秩序。这就像在房子里进行大扫除一样。思维就像一个有生命力的矩阵，当我们决定从教练位置出发，将其逐渐引导到"最高层级"时，这一矩阵就会整合我们用来组合想法与感受的所有框架。

如果我们只是在水平维度上从一个对象跳转到另一个对象，通俗地说，满足于浮于表面的单线程思考，那会怎么样？任何线性的想法都是没有平衡点的，所以它不可避免地会指向一个没完没了的问题："接下来是什么？"没有"重点"，所以也就不存在整体性和整合流程。我们发现自己处于这样的思维活动中，一刻都不停歇。日复一日，这样的线性思维最终会让人觉得毫无意义可言。

你小时候学习的语言通常是线性的。在使用线性思维时，我们的意识习惯沿着既定的轨道，从一个想法跳转到另一个想法，我们只有通过内在一个又一个的声音来区分不同时刻的思绪。热衷于联想的左脑是一个标准化系统，倾向于占据主导地位，因为在思考时，我们会回想起这些内在声音和外在声音的"录音磁带"，这些声音必然会沿着时间轨迹紧紧相随。

使用线性思维的另一个后果通常是联想会带来杂音。我们听到的是内心的噪音，因为内在声音必须依赖不同的语音语调存在。不同想法必须在大脑中咆哮、低语、哭泣或呼喊，才能引起我们的注意。因为不同联想产生的噪音，人们的大脑中很容易充斥着混乱的想法，被带往不同的方向，追随一个又一个的想法，而且习惯于此。讽刺的是，心烦意乱成了很多人的一种习惯。

在几何形状的中心有一个平衡点的可视化框架改变了这一点。我们有所觉醒，意识到自己在不同语境下有不同选择。通过内在的平衡觉知，我们可以分别从内和从外看到所有问题的整体状况。在整体状况中有所聚焦，会促进我们发展出投入的教练位置和观察者意识。通过身体上的感知、感受和抱持觉知，我们可以感知到整体。我们可以通过投入与抽离两种方式来深入了解不同想法。我们了解到如何通过平衡的问题来保持内在的平衡。我们看见不同的选择。有了四象限作为探索背景，我们可以激发有意识的创造并发现内在现实。

我们培养的是自己的创想能力。有了几何图形的辅助，我们就可以持续为正在生发的新事物创造一个发展平台，奠定其发展的基础。流程模型带来了让我们保持内在平衡的方法。我们总是可以用不同方式来表达和解读内在平衡的存在。然而，有了洞见整体性的"中心点"，我们也就拥有了有助于持续自我探索的强大系统。

第十三章　超越因果的小妖：通往真理的方向

从一个人愿意接受多少事实，你可以判断出他的性格。

——弗里德里希·威廉·尼采

什么是"小妖"？它们的另一个名称是"细微但一直存在的恐惧"，它们在我们的价值观中形成了限制性习惯。小妖包括许多在社会中延续了数个世纪的、根深蒂固的"恐惧"，对陌生人和未知事物一直以来的恐惧，以及个人对失败、受害与冲突的恐惧。

小妖在很多重要方面影响了我们的生活，影响了我们的项目管理能力，减弱了我们深受他人激励的能力（对梦想的恐惧）、好好执行的能力（对失败的恐惧）、建立良好关系的能力（对惹恼他人的恐惧），以及在生活中追求更大的意义与目标的能力（对冲突的恐惧）。

威力强大的小妖就像"嫉妒之神"一样，让人从里到外地比较。它们引发了全方位的惯性认同，影响了整个文化。它们与几个世纪以来引发战争和招致死亡的审判联系紧密。它们会让人互相比较和互相挑战。它们习惯采取的观点——如果它们占据了你的生活——会逐渐让你展望未来的镜片变得模糊，令你看不到清晰的成长路径。我们与身边的人有着一份共同的社会意识、价值观意识和心之完整性，而它们的存在使我们与这些产生了深深的隔阂。

令人惊讶的是，这些恐惧真的不堪一击！威力强大的小妖像消极的滤镜一样影响着我们，但实际上，它们只会影响我们的语言习惯，从而导致习惯性的身体紧缩和情感僵化。这些都很容易消除。通过使用这四种图式，你可以把它们移到一边，于是你就可以看到、听到和感受到你自己的深层价值观及其发展。首先，我们需要看见我们的目标——超越一切恐惧！

四象限思维伸展

不妨来学做一个多角度、多层次的四象限思维伸展！这会打开你的觉知，不论你此时正经历着怎样的内在斗争！伸展的目的在于一步一步地塑造觉知，从最简单的部分到最动态的部分，然后再把它们整合在一起。9点伸展运动大约需要5分钟，就像晨间瑜伽所做的伸展一样。

图 13.1　9 点伸展运动

第一部分：身体上的伸展

花两分钟时间，从身体上的伸展开始你的思维伸展！

- 首先，站起来，向上伸展，将双手举过头顶，从小腿到指尖，拉伸你全身的肌肉。
- 接下来，延展你的听觉，将你的呼吸扩展到听力范围的最远处，让听觉去到声音能到达的最远端，然后暂停一下。此时，你也会感受到在整个空间中的悠远宁静。
- 再接下来，扩展你的视野，环顾四周，意识到视野所能触达的最大范围，甚至穿透房间的墙壁，穿透国家领土，穿透地球的大气层。你希望将你的视野延展到多远？
- 最后，保持对身体的觉知，穿越时间进行延展。像电影导演一样，把扩展后的视野、声音与感受融入过去和未来可能发生的事件中。回顾一下最近的经历，观察不同场景中的自己。注意这一天甚至这一刻在你的人生经历中所处的位置，继续往前体验。看看你如何看待所有这些体验，包括你自己即将开展的计划。

第二部分：四象限伸展

继续用四象限来拉伸你的思维。你就好比是四象限觉知中的探索者，感知到自己从中心的神性点开始探索。对生活方方面面的觉知此时围绕着你，好比一个充满可能性的区域。你可以从中心点的 1 分处开始，扩展你的思维，好像这是两米开外的"跨步"，或是在四个方向上延伸开来的四象限图。你可以在每个方向上延展思维。

接下来，选择其中一个方向，从 1 分的最小潜能向最大的潜能发展，10 分代表充满力量的创造，将这方面的能力发展到你想要的最大限度。例如，你可能会选择扩展身体象限的体验，即第二象限。想象自己缓慢超越"低层级"的感官体验。然后想象自己去到"满分 10 分"处，身体的活力值与能量值达到最高，充分体验到身体上的丰富感知。这样做的目的在于，带着充分的感官觉知，预演并观想这一刻的感受。想象一下，每天都能在这些方面拥有"10 分体验"，那会怎么样？

也许你会选择第三象限，建立良好关系的区域。你的人际关系好吗？针对你最重视的关系，让自己进入高层次的体验中。一步步向前，感受你在关系上的收获。看见你自己收获喜悦、分享喜悦，带着这份喜悦，进入"10 分体验"。花点时间想一想，支持这些发生的关键步骤是什么。

也许你会选择第一象限。你再一次让自己站在创造点上，想象自己走进"探索剧场"中，看见自己笃定地做出选择，并有力地付诸实施。不妨看得更深入些，把美满生活的方方面面都拍下来，看到这样的生活展现出了 10 分的自我实现、传承与奉献。要想进一步延展这个愿景，什么是至关重要的？

也许你会选择第四象限。现在，想象自己"走过去"，感受更深层的生命意义。抛下所有的质疑，让自己深入完整性的共振区域。想象一下，生命本身如何通过你自己的生活探索自我。你认为进化的目的是什么？你与你的最高价值观的内在共鸣是什么？在你的生活中，你多大程度上会倾听内在现实？当你在 8 分、9 分和 10 分的层次上与这些内在本质产生共鸣时，那是什么感受？

逐个探索四象限中的每一个度量尺，最后回到中心的神性点，享受和整合你自己的四象限之旅。在教练位置上结束整个探索。

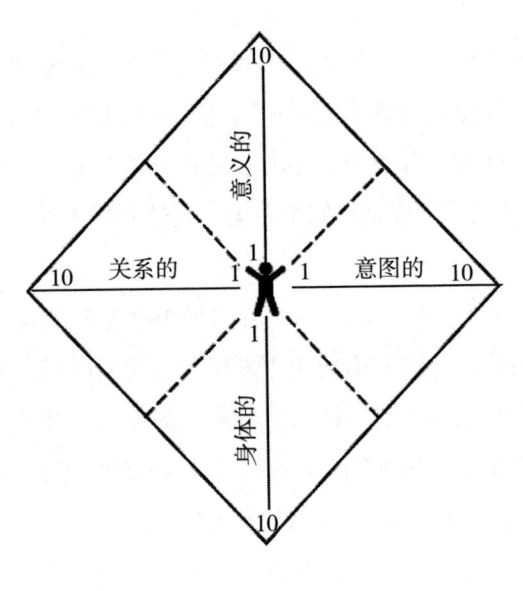

图 13.2　四象限伸展

消灭小妖

在任何一个四象限意义矩阵中，我们都是通过全面的语言框架来观想和提问的。通过这种方式，整体语境思维就成为我们思考的基础。本章最后的图式

> 用四象限方式围绕着关键问题来提问，意味着你会看到自己真正想要的东西，感知到整体的存在，而不是让自己受制于任何线性的、过于简化的信条，并因为此信条构建出相应的"现实"。

D 练习提供了一些实例。

当恐惧变成你的挑战时，你问问自己：你的探索是否足够全面？用四象限方式围绕着关键问题来提问，意味着你会看到自己真正想要的东西，感知到整体的存在，而不是让自己受制于任何线性的、过于简化的信条，并以此信条构建出相应的"现实"。

图式 D 非常有利于打开更广阔的意识，就像敲破池塘里的冰面一样。打造一些强有力的图式 D 问题，并用这些问题来检视你深层的恐惧，找回你自己的内在力量。如果你不再害怕失败，那会怎么样？还是说，可以检验你对承诺的恐惧、对死亡的恐惧？图式 D 就像"灵魂的清洁剂"一样，可以清洗掉那些恐惧，让你的视野恢复清晰，让你基于生命意图与目的树立起远大目标。

决策练习

2015 年，我在中国上海的大型晚宴上做演讲，打算在一大群人面前做一个演示。这是以成果为导向的教练课程的一部分。一位年轻的女士主动走上了舞台。她果断地说出了她的教练话题。她刚刚得知自己时隔四年之后怀上了第二个孩子。她说这话时垂头丧气。她哀伤地说，她和她的丈夫无法负担生二胎的费用，她现在必须决定是否要堕胎。她说这些话时，看起来很困惑。"我必须做出选择，"她坚定地说。

我意识到在场有 200 人，而她正在探讨一个非常私人的话题。考虑到这个原因，我决定使用图式 D 的流程来帮助她做出选择，保护她的隐私。我在白板上画出了四象限图，并简单地向大家解释，在她做决定之前，她需要回答四个问题。我向她强调，她在这四个关键领域中的"学习"与自我认知可以帮助她深入思考。"她的收获是属于她自己的，"我对台下的观众说，"她只需要分享，这四个问题是否帮助她做出了正确的决定。"

- 我指着第一象限（++），问她："如果你做出了你想要的选择，会发生什

四象限思维让我们能够欣赏自己内在的完整性，随之而来的是持续探索的勇气。

么？"她睁大眼睛，陷入沉思。
- 10秒钟之后，我继续问道："如果你没有做出自己想要的选择，会发生什么？"她看起来很伤心。
- 10秒钟之后："如果你做出了自己想要的选择，有什么可能不会发生？"她眼睛直视前方，若有所思。
- 又一个10秒钟之后，我问出最后一个问题："如果你没有做出自己想要的选择，可能不会发生什么？"经过10秒钟的思考，她脸上突然多云转晴，原本的悲伤和犹豫烟消云散。

她笑了，欣喜地看着我的眼睛。"我已经决定了，"她宣布，"这是我想要的选择。非常感谢。"

勇气

战胜这些小妖的关键在于在生活中积累勇气。四象限思维让我们能够欣赏自己内在的完整性，随之而来的是持续探索的勇气。"开悟"只是意味着我们在思考最重要的问题时，可以注意到完整性与内在现实的存在。这让我们可以越过恐惧的小妖，穿越过去的内在假设的负面情绪层。从整体性出发，我们自然会感受到没有什么好怕的。我们会立刻感受到生命的自由，正是那份对更广阔的意识的清晰觉知。

利用图式D来彻底消除那些因果关系的小妖是非常棒的。这会让你的能量发生惊人的变化。在大多数的人类困境中，确实存在许许多多的"原因"和"结果"。要知道，选择的完整性总是存在的。

看到并感受到你内在的勇气，你就会于内在积聚更多信任。你会体验到更多有意义的对话，并与他人建立起信任来。你倾听内心的和谐之音，并感知自己的生命意图。于是，你可以超越过去的恐惧。丰盛的体验和更多的选择在你的生命中蜂拥而至。

不论有什么想法占据了我们的思维，我们都要学会全然地欣赏更大的觉知系统。动态智能的完整性自然变成心灵栖息的家园。

通过欣赏实现发展法则

四象限欣赏法则在这里同样适用：当我们将一个想法视为一组平衡选择中的一部分时，我们就可以欣赏到整个选择系统。我们在更大的框架中感知自己的思想，这自然会让我们的思维更加开阔。你可以用图式C和教练位置来帮助自己培养这个习惯。[13]

如果你去看人类智者的作品，那些被世人称为"觉者"的人的作品，你会注意到，他们一直关注的是爱、内在平衡、持续学习与积极地自我探索的本质。他们在整个系统中看见这些本质的存在。

他们预见到真、善、美在困境中会发生怎样的变化。我们会注意到，他们总是愿意停下来看全局。我们也会注意到，他们如何在采取行动之前，等待内心升起对真相之觉知的感知/感觉/感受。我们可以看到，在愿景—价值观的平衡中，整体系统的最深层觉知如何战胜所有感知到的细微的消极因素。

这样强有力的全局观正是我们在不断培养的。在"整体框架"（如图式D）中，探索一个问题的正面表述和负面表述。借助图式C你能瞥见你更大的平衡系统。在这个图式的帮助下，你可以针对过去的消极想法保持教练位置，并用图式B发现积极发展的方向。探索到这里，既然你已经看见了你的平衡系统，你就可以继续寻找问题的解决方案。

不论有什么想法占据了我们的思维，我们都要学会全然地欣赏更大的觉知系统。动态智能的完整性自然变成心灵栖息的家园。

在图式D中保持教练位置，让自己在自我觉知的整体性的积极背景下感知消极想法。将你最广阔的积极视角作为思考框架，开始观察更大的思维游乐场中的动态，并发现你是如何学着在小路上行走的。记得关注你想要停下来探索的地方。有一个有效的做法：当你发现困境时，从"智者和问题解决专家"的视角去看待这一切；欣赏这一切的发生！

当我们深入探询时，我们自然会感知到问题的本质。于是，系统的整体性

去寻找照亮你生命深处的光芒吧！勇敢发问，等待生命意图与意义传递给你的信息。

消弭了所有"冲突的信念"所叫嚣的必然性。

四象限提问给我们带来了一种毫不费力地获取内在智识的方法，让我们走出困局，在内在现实的四象限中找回平衡。去寻找照亮你生命深处的光芒吧！勇敢发问，等待生命意图与意义传递给你的信息。

探询生命的意图与意义

当你面对自己恐惧的小妖时，只有你可以决定使用每一个四象限流程的最终目标。带上你自己的生命意图和最根本的身份问题来进行练习，这样，你就能找到通往最深刻的自我发展境地的路径。掌握在内在对话中超越小妖的方法，超越小妖过于简化的表述，把令人痛苦的负面假设转变为平衡的、有意义的问题。

超越内在的小妖，克服恐惧驱动的盲点，需要坚定的决心。这是一个值得玩的游戏。我们将问题转变为挑战，将所谓的"弱点"转化为取得优势的开端。把你的注意力放在更广阔的意识上，你可以开始超越遍及整个社会的憎恶、逃避与冷漠的惯性。你可以敞开心扉，认识更多人。你可以学到那些让你开启智慧的问题。

我们每个人的生活与共同发展的生活是相互关联的。我们文化体系的底层结构是紧密相连的。这四种图式和认识悖论的游戏将开启你在人生游乐场中的深入探索。

指引是什么？四象限探索可以让你建立起对自己的更深层的觉知与内在愿景的信任，如此一来，你便可以将自己笃定地投入更广阔的觉知之中。

> **"消除小妖的基础课"之图式 D 练习**
>
> 找出一个你想要改变的恐惧小妖。想想它给你带来的多方面的影响，注意那些让你深受困扰的部分。

找出一些由两个分句组成的问句，你可以按照图式 D 问题的格式来提出这些问题。

例如：

A）如果我今天面对这个挑战，会发生什么？

B）如果我做出我想要的选择，会发生什么？

C）如果我决定采取行动，哪个选择最好？

这都是由两个分句组成的问句，可以帮助你想出其他问题，从而让你超越曾经的恐惧。

用你自己画的四象限图（仔细标记加号和减号），把你的问题列在每一个象限中，然后逐个问下来。在这个过程中，为你接收到的洞见，感恩你内在的自我。

关注你接收到的信息。充分运用你的体觉与视觉。如果可能的话，把你的收获写在笔记本上。是否有哪些行动步骤，是你想要宣告的？你想要迈出哪些第一步？

在接下来的一整天中，随着你不断接收到这次探索的信息，记得感恩你自己对于选择与改变的那份承诺。

第十四章　通往整体系统的共振连接

在智识之域中相信生命的力量

很多人可能还记得 1989 年的电影《梦幻之地》中那一片"记忆中的玉米地"。这部电影给我们的启示是，我们可以通过重新设计"最美好的过去"来创造"未来的空间"。这个想法给我们很多人带来了希望。我们可以通过内在的探询，发现最好的智识珍宝。还记得这部电影中建造棒球场地的故事吗？——"如果你盖好了棒球场地，他们会来的！"你可以用这一句强有力的宣告，在四象限探索之旅中唤醒你自己的"最佳"模型。建造你自己的梦想之地，让自己收获内在智识。如果你盖好了梦想之地，你的内在智慧会给你带来惊喜！

建立智识框架

要想建立起智识框架，我们要开始有意识地探索自己至关重要的智识系统。在任何一个项目中，线性的、语言式的意识，总是会让我们害怕过去犯过的错误，倾向于暗示我们不了解的东西。意识倾向于忽略我们本来就知道的事物，也忽略我们可以在过程中学习。当我们放松下来，注意力不再聚焦于解决问题时，我们就会开启内在的智慧，并拓宽良知的接收领域。我们开始有所发现，并想要采取行动，进一步建立起智识框架。

内在的智识之域是什么？我们可能感觉到它是广阔无垠的，但不知道如何去探索它。然而，意识总是会出现在四个区域中，因此——就像盲人摸象一样——我们可以以意识为通道，走进更为广阔的思维疆域，见图 14.1。

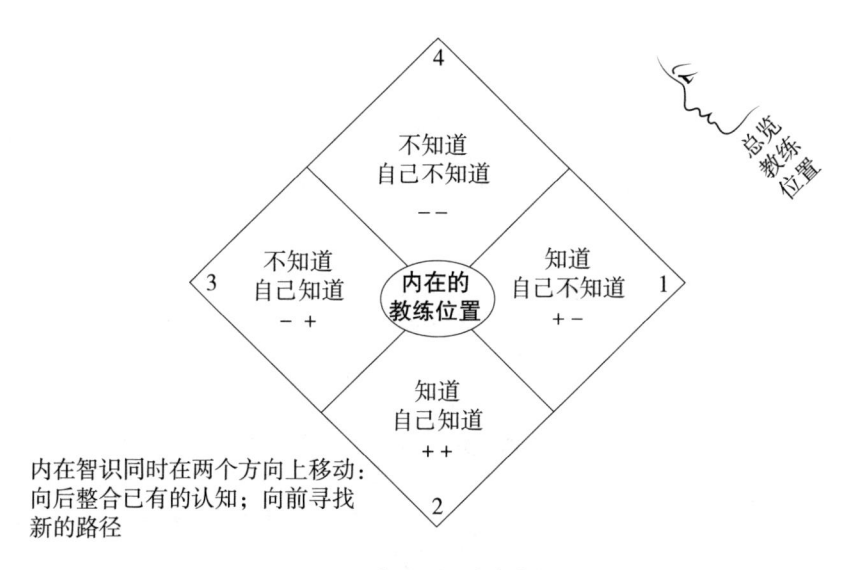

图 14.1　意识层面的内在智识

在探索你内在的智识之域时，你可能会认为这些是"说说而已"的问题，太抽象了，没有真正的价值。显然，只有超意识才有我们"不知道自己知道"的深层觉知，即第三象限。然而，这些问题让我们慢慢打开通往内心的大门。例如，每个正在阅读的人都曾在孩童时期取得过令人难以置信的学习成果，包括学会走路的经历。可是，时至今日，你不知道自己是如何学会走路的，不是吗？它已经成为一种无意识的习惯。你不知道自己是如何学会走路的。走路已经变成你内在的智识，你需要花费大量的注意力，才能逐步地重新发现自己是如何学会走路的。

另外，如果我们看向第一象限，着眼于未来的项目，我们"知道自己不知道"的事物就会吸引我们的注意力。在这个象限，我们发现了一些问题，这些问题让我们一步一步地探索和发展项目，构建起智识框架中的可见层。相比之下，第三象限代表的是"已经整合"的部分，是我们无意识在做的，比如走路。

再接下来，第四象限就是真正让人感到好奇的地方。第四象限让我们可以真正超越个人的思维，深入最深层潜能的探索之中，即召唤我们走向整体性觉知的核心内在智识。请注意这四个方面是如何与图式 A、B、C 和 D 联系在一起的，参见图 14.2。

133

我们内心深处共同拥有的智识是最宝贵的财富。我们的知识与智慧的疆域是广阔无垠的，远远超出意识习惯的通道。

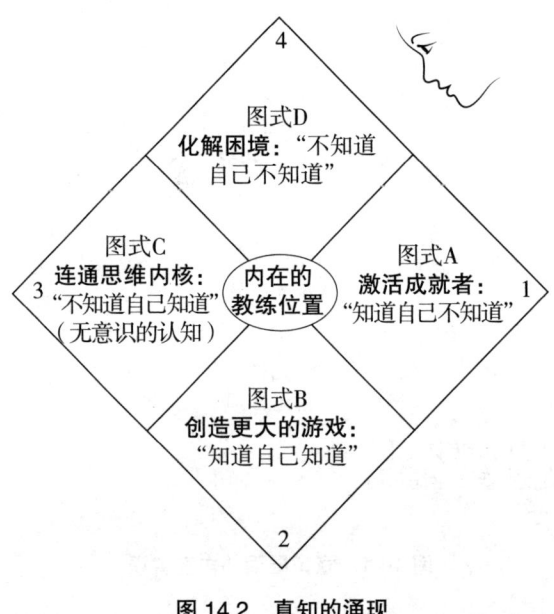

图 14.2　真知的涌现

通过图示 A，我们激活了内在的成就者，从第一象限开始了探索之旅，首先聚焦于微小的、具体的和单一的事物上。我们的目标围绕着这个聚焦点发展起来。通过图示 B，我们创造了更大的游戏，并聚焦于创造更大的、更多层次的成果。通过图示 C，当我们连通思维内核时，我们超越了意识，进入了内在智识之源的广阔疆域。在此，我们探索的是不知道自己知道的事物，感受思维深处的美。随着我们走进第四象限，我们得以深入智识涌现的幽远境地。在这里，我们可能会冒险，转向不知道自己不知道的事物。我们在探询中学习思考，投身于对内在现实的探索之中，感知更为广阔的智识之域。

意识与无意识的记忆通道

我们内心深处共同拥有的智识是最宝贵的财富。我们的知识与智慧的疆域是广阔无垠的，远远超出意识习惯的通道。如果我们真的发现了这些宝藏，将注意力投注于内在智识之珍宝，那会怎么样？如果我们让它们为自己和他人所用，那又会怎么样？

意识的"工作记忆"容易让人分心，也容易让人走捷径下判断，这通常会在我们的思考过程中变成障碍。大多数人的日常生活都是跟随他们的游走思维从一种情绪跳转到另一种情绪。我们只有通过观察和仔细的研究，才能培养出有意识地保持觉知的思维习惯，从而超越习以为常的、只注重短期效益的思维惯性。

在教练位置上观察意味着你可以学会聚焦于与核心价值观息息相关的面向。渐渐地，你就锻炼出了观察的肌肉。

走入文献书库中

你是否曾经是一名大学生，可以进入大学图书馆中的文献书库？每一所大学的图书馆都有这样一个地方，里面堆满了少有人翻阅的旧书。如今，许多大部头已经被复印在微型胶片中。但多年来，这些文献书库在大学图书馆后方占据了许多空间。书库中通常有一排又一排长长的、昏暗的书廊。书廊的书架上通常堆满了20年、50年甚至100年都没人读过的书。通过书架上的书数世纪的变化，人们可以追溯整个科学或艺术的发展历程。

这些文献书库是为数不多的、专注的学习者的专属，通常，只有少数研究生和教授会前去阅读。作为一名年轻学者，我总是感到非常荣幸能被准许进入。

记得有一次，我在一所大学的文献书库里坐了一整天。那时我还是一个年轻的学者，花了6个小时研究18世纪的英国戏剧作家。我当时在写一篇文章，忙着研究一种剧本创作形式。偶然的机会，我打开一本18世纪早期的书，发现了一部无比精彩的戏剧。这部戏剧是由一位在20世纪、21世纪名不见经传的剧作家写的。我读了一整个下午，完全入迷了。我爱上了这个剧作家，爱上了这个剧本，爱上了那个时代。坐在那里，我展开想象，遥想过去几个世纪里所有"被遗忘的"伟大作品。每一本书都是在特定时代背景下的文化的重要组成部分。每一本出版的书往往是一个人倾尽一生的作品。环顾四周，看着满是灰

> 有趣的是，一旦我们封存早期的学习记忆，通常就不会再打开它们了。如果我们愿意，我们每个人都可以重新翻开这些回忆，找到那些曾经点燃我们生命之火的闪光时刻与精彩事件。

尘的书架，我不由得惊叹道："哇！看看人类创造了什么！"每一本书中，都曾投入了无数"人类发展之创想"！

我们内在智识的图书馆就像那些书库一样。首先，里面也堆满了我们自己早年间不可思议的探索历程及其他许多人的探索历程。有趣的是，一旦我们封存了早期的学习记忆，通常就不会再打开它们了。如果我们愿意，我们每个人都可以重新翻开这些回忆，找到那些曾经点燃我们生命之火的闪光时刻与精彩事件。

你会发现很多这样的"书堆"——生命发展的深层领域在你自己的图书馆中等着你。你习惯走向哪一个？还有其他领域在等待着你的探索吗？

除了进入习以为常的区域以外，大多数人很少使用他们的图书证。事实上，大多数人已经养成了缩小注意力范围的思维习惯，并倾向于保持狭隘的思维，这样他们就不必过多地探索内在。通常，他们只使用他们自己的开放式问题、他们自己的"借书证"，每天进入一两个小房间，寻找和重复使用相同的日常用品。日复一日，都是如此。他们投入体验的思维习惯，就像麻醉剂一样，盲目地把他们带入自己的惯性中，也就是他们倾向于止步不前的"常规"区域。

如果可以进入藏书更丰富的图书馆，你能真正用这份资源做些什么？这需要你自己认真思考，才能将其变成一个有价值的问题。

学习集中注意力的诀窍

学习集中注意力的"诀窍"能帮助你启用四象限思维。你正在打造一个深入探索内在世界的准入系统，探索产生真相觉知的不同层次与类型的意识。你的创造力是这一意识的产物。

我们首先需要观察有意识的注意力的变化速度有多快。如前所述，对于注重短期效益的意识来说，其注意力范围往往很小，而且很容易被影响。如果你测量一条道路，从加拿大西海岸的温哥华出发，穿过加拿大，一直到东海岸附近的新不伦瑞克的蒙克顿，那么你下意识地就会沿着这条道路标出一英寸（约

> 意识最适合用来向超意识智能提出好奇的开放式问题,而超意识智能会马上扩展感知,做出回应。你会得到内在的回应,将其迅速融入自己的认知之中。

2.54厘米)的长度。而这条路上的其余部分都是你"超意识"的区域,需要你进一步扩大自己的注意力范围,从而看见全局。这种更宽广的意识是美丽的,值得你为此拼尽全力。

我们如何有效实现长期学习,如何使这种经验也有益于他人?在这一领域中,我们可以发现很多东西。为了设计出一张能带来指引的地图并将你自己的注意力投注其上,你需要非常清楚你想要学习什么,知道自己希望这一趟探索之旅将你带到哪里。你需要了解自己的意图,也需要对你想要探索的疆域形成全局观。当你能够以终为始并问出与长期学习目标息息相关的问题时,你就会马上调动起更广阔的思维。

行动起来

当你走出自己在这些学习领域中日复一日的自我对话(受限的大脑所思考的内容)时,你就迈出了个人发展进程的下一步,从而可以开发通往更广阔意识的准入系统!你学会让自己的注意力从内容转移到情境上!

你如何穿过意识的窄门,获得真知?意识最适合用来向超意识智能提出好奇的开放式问题,而超意识智能会马上扩展感知,做出回应。你会得到内在的回应,将其迅速融入自己的认知之中。这包括对内容、结构、流程、生命意图、价值观、愿景与学习的回应。不用启用"个人思维",你可以最大限度地发挥你的思考能力,进行卓有成效的思考。

我们想要强调的是,将受限的思维及其内在对话形成的"无线电系统"抛在脑后,是一件多么容易的事。至少你可以抛开你自己的一些小妖,将你的注意力转移到"卫星天线"上,放在你"视野开阔的觉知"上,走进你内在的图书馆,探索内在智识的广博疆域。每天都进行这样的练习,渐渐地,恐惧的小妖就会逐渐消失。

超越意识通道

当我们聚焦于自己的生命意图时,我们广阔无垠的场意识、我们的思维矩阵,总是会帮助我们开发系统。你可以用开放式问题向内发问,跟随你内在成长路径的指引,进一步探索。随着你不断向内发问,你会逐渐形成最有意义的探索方向。此时,你既会感觉到是什么在"牵引着你",也会注意到什么对你而言有意义。

依据"记忆"来设计地图需要你保持积极与欣赏的态度。带着全局观使用四象限方法,你就会为自己创造一个系统,即使在你跌跌撞撞地走进未知领域时,这个系统也能帮助你问出关键问题,从而让你可以进入记忆系统找到答案。当我们发出请求,想要看见各种必要"步骤"时,它们马上就会出现在我们的脑海中,就像一张系统地图一样。于是,我们可以亦步亦趋地取得进步。我们就此登上了通往内在自由的阶梯。

你是否足够好奇,是否对内在智识有浓厚的兴趣?你需要点燃你内心的火焰!追随内在的"道路",意味着你会以一种开放式的可视化方法,在当下就思考最好的下一步是什么、最合适的问题是什么。对于初学者来说,这样做的效果是惊人的。这个过程会帮助你发展对场域的感知,让你开辟创造性调取记忆的通道。你可以在内心感受到"一切都在正轨上"的振频,然后带着一个又一个的问题,沿着阶梯或轨道前行。当你带着机敏与笃定,一次又一次地踏上这一路径时,一切都会为你开路。

做这个练习

你是一个深度的互联网用户吗?你喜欢将互联网作为一个通往世界上所有知识的全方位门户吗?现在,开始了解你的内在系统,了解你自己的内部互联

> 只要我们按照自己的价值观去设计我们的准入系统，系统就会开始自我维护。我们总是可以遵循我们的价值观。它们持续地发射着光芒，是我们内心的灯塔。

网。认真设计你的准入系统，这样你就可以在这个系统中打磨你的问题，扩展你的视野。你需要关注你内心的需求（提出问题的能力），也要培养有效地接收内在智识的能力。

延续至今的人类思维系统就像常见的 iTunes 商店一样，装满了能引发共鸣的信息和种类繁多的音乐。它会根据你的要求在你的脑海中"播放"。显然，如果想要很好地使用它，我们需要知道如何对不同文件进行分类、描述、归类、压缩，并对它们进行积极评估。我们需要知道具体想要搜索什么及搜索目的是什么。通过形成清晰且积极正向的搜索思路，我们可以学会整理自己的"内在音乐系统"，有选择地播放其中的音乐！

只要我们按照自己的价值观去设计我们的准入系统，系统就会开始自我维护。我们总是可以遵循我们的价值观。它们持续地发射着光芒，是我们内心的灯塔。我们满怀希望地重新创造，看到自己对清醒地活着的深切渴望。然后，我们可以利用这些资源，培养新的习惯，支持自己向阳生长。

记忆的组织形式：形成内在轨迹

有意识的记忆重组是非常有帮助的。保持全局观或教练位置可以帮助我们做到这一点。我们只需要看见系统的"外部"——我们对关键部分的分类——就可以进入系统内部。发出请求，就可以打开"缩略图标"。如果我们设计这个系统，例如，在某个地方安置一个视点，可以就此观察思维的更广阔疆域，内在的想法就会在我们需要时到来。这就是四象限系统的功能。然后，超意识可以继续工作，并为我们开辟出新的通道。

内在通道的建立会让我们迅速将积极的欣赏转变为巨大的学习潜力。如第二章所述，四象限思维的法则三——通过欣赏实现发展，对于建立内在通道来说非常重要。

你还需要探索如何有效地对你的发现进行分类。你真正想学的是什么？你为了谁而学？你想让别人知道什么？这些问题很重要，因为通过积极地探索和明确

> 只要你奠定了探索的基础，你就有能力通过多组开放式问题实现进一步的发展。你的问题打开了你思维中的卫星天线。

地分类，我们都可以快速前进。当我们与他人共享文件时，智识本身会蓬勃发展。

我们可以封存消极的学习经历，选择原谅和视之为完成。我们可以试验、学习和整合积极的发现。我们学会真正信任意图的完整性，并建立进入内在系统的黄金通道。这为后人打造了通往游乐场的通道。

只要你奠定了探索的基础，你就有能力通过多组开放式问题实现进一步的发展。你的问题打开了你思维中的卫星天线。你的"内部互联网"是由相应的结构和流程组成的。你可以将其作为通往场意识的内在指引。如果你建造了这个场，其他人肯定会来的。他们将沿着你打造的通道前行。

增强自信心

学会信任自己！通过你的内在觉知增强你的自信心。学会识别自信心的信号。你随时可以连接完整性系统，全然连通广阔的系统觉知。记住，你只需发出请求，就可以连接到你的卫星感知系统！对你来说，不论对自己还是对他人，当你的自信程度达到 10 分时，你会有哪些表现？你可以在地板上设置一个度量尺，一步一步地走到"10 分"处，找出你的答案。

你可能不会每次向内发问都得到"满分"的回应，但你可以通过强化重要性和感恩探索之旅中每一个重要时刻来检验这个过程。这有助于你开始连接更广阔的觉知，相信你自己的发现。

当你以一种开放的方式向内发问时，你会发现你确实知道得比你想象的还要多，确实知道如何围绕着重要目标，搜索到最关键、最确切的信息。你学会带着"满分"的承诺来问问题。突然之间，你可以与这样的场建立起更深层的连接！此时，你的自信心也在增强。

精通连接

到最后，你将达到对连接的精通。你开始了解你的觉知宇宙，也开始了解

关键是针对你最想要创造的，在内心问出一些足够全面的开放式问题，然后在具体细节出现时再聚焦。逐步地展开你的探索。

自己获取真知的能力。带着你的生命意图，带着共同的连接，你可以畅快地周游于你内在的游乐场，为有趣的游戏创造机会。你开发出了视野广阔的望远镜和指引方向的指南针，这样你就可以探索许多地方。你可以设计你的地图，从抽象的全局观到具体的应用程序。当你第一次以这种方式有意识地观察和投入时，你很快就会发现自己乐在其中。开发专属于你自己的内在准入系统总是充满无限乐趣！

我们的场意识总是像一位伟大的母亲一样扩展我们的视野。即使你才刚刚开始探索，你的卫星天线依然运转良好。关键是针对你最想要创造的，在内心问出一些足够全面的开放式问题，然后在具体细节出现时再聚焦。逐步地展开你的探索。

你可以用一个开放式问题为任何"思维领域"打开一个"房间"或"空间"，让你的视野更广阔。你能感觉到你真正的探索范围，特别是通过询问你需要进一步发展的关键结构和流程。这就激活了你所需的思维"振动水平"，即"意识的思维矩阵"，这样核心思想开始为你这个发问者浮现出来。你真的拓宽了你的视野！是什么样的吸引场在召唤你进一步打开自己？

设计合适的问题和游戏关卡

使用生命线或时间线开始探索往往是很棒的。让自己浮起来，看到更大的图景。就像你可以进入全局视野一样，你可以想象自己漂浮在你的生命线之上，直到你可以将生命意图限定在关键领域。你总是可以更近、更深入地观察任何一个区域，并提出更详细的问题。"如果……会发生什么"这一类问题通常会帮助你保持距离进行审视。

你需要在足够高的"抽象层级"上设计地图，以唤起深层次的心与脑的投入。例如，"从10 000米到5 000米的总览"通常会给你带来足够广阔的视野，让你发现与生活息息相关的未来场景。你需要在哪里做出承诺？

然后，你可以在价值观空间中升得更高，拥有更广阔的视野。渐渐地，你学会体验你最广阔、最能赋予你力量的价值观。这并不是转瞬即逝的体验，而是像血液和肌肉一样，是你内心深处最自然的一部分。

你需要在哪里培养并增强你的能力？当你把自己当成一个"内在意图研究者"来探索这个问题时，你自然会发现前方的内在舞蹈。首先，你需要培养从总览视角进行探索的渴望。其次，你需要把你的发现画在地图上。你的视野需要足够开阔，才能把你自己和你的价值观联系起来。你也需要足够专注，需要在设计行动计划时足够细致。你很快就会学到当天最关键的问题，并让自己保持适当的注意力。你发现了具有最高价值和最大可能性的问题——然后你就聚焦于此！此时，你内在的网络就打开了。

以这种方式积累经验，你可以让每一步的学习都为你的成长添砖加瓦。在一些对你自身发展非常重要的关键领域，练习扩展"打开记忆的准入系统"。例如，一个关键领域可能是回想你的梦境并从中学习。只要你心里想，今晚你就能进去。

生命图书馆：访问整个系统

在内心深处探寻你"遗失的部分"也是一种帮助你进行搜索的好方法。在你的前半生中，有哪些最重要的"追求"可以用来帮助现在的你成长？同样，探索超意识的智识矩阵就像探索一个巨大的图书馆。你可以从你自己的个人任务开始探索，然后再进一步提升难度。

让我们来看看这个令人难以置信的图书馆，就像量子世界一样。超意识组织包括记录着所有记忆的扩展意识场。你也可以把这个图书馆称为"形态生成思维"或"形式生成思维"。这意味着它是初始想法的奇妙来源，而这些想法是因为你向内发出请求，从内在的场意识中生发出来，出现在你的脑海中的。

想象一下，在人类浩如烟海的知识宝库中所储存的内容、结构、流程和整合智能，甚至更多。现在，你如何开始以合适的方式来探索这个巨大的超意识图书馆呢？当你向内发问时，你很可能会开始得到有价值的想法，特别是当你

> 每一段体验，不管是积极的还是消极的，都能帮助你展开探索，设计地图，并进入认识自我的游乐场。

把请求与你最远大的目标联系起来，探索和理解你自己的生命意图时。当你以这种方式将内在请求与你的生命意图联系起来时，你的"卫星天线"就会启动，开始深入探索。内在请求将引发内在响应。渐渐地，你越来越能够理解你更广阔的思想疆域，理解更深层的生命意图。

下一站：英雄之旅

有一个让任务变得有价值的游戏计划，那就是用英雄之旅的比喻来指导你的下一步。问问自己：你今天最重要的目标是什么？你正努力活出什么价值观？你如何让它更具体、更生动？

我们可以通过原谅，通过在每一段经历中找到值得感恩的事物，来释放那些积聚在消极体验中的能量。每一段体验，不管是积极的还是消极的，都能帮助你展开探索，设计地图，并进入认识自我的游乐场。对于你自己乃至全人类的学习来说，进入"图书馆"的关键是四象限法则三。当我们找到生命中真正的礼物和宝藏时，我们就成长了。

你所开辟的内在通道很有可能变得又宽又深，但只有你可以选择打开那扇门。令人惊讶的是，当你真正聚焦于你的核心价值观，将其作为你的借书证时，你的探索范围可以扩大到整个意识之网！仅仅通过学习如何做出内在承诺，我们就能让自己敞开心扉，勇敢地探询。我们打开了与生命意图息息相关的更广阔的觉知域。我们发现，在真正的自我发展的所有领域，内在智识都是唾手可得的。我们可以在思维游乐场中畅快玩耍啦！

你百分之百致力于什么？是什么驱动着你深入至此？你想要扩展哪些深层价值观，以此来激励自己的探索、试验与分享？不要忘记，在这场探索生命、探索自我的旅途中，目标是这个游戏的关键！

第十五章　真相的离心效应：使用四象限

真相就是造物主的示现。

——威廉·布莱克

内在现实之觉知

什么是内在现实？难道我们不是把内在现实定义为所能找到的最强有力的、无可辩驳的核心承诺吗？一般来说，我们也经常把它定义为"超越个人"的真相。它是我们所感受到的振频。我们注意到它并不只适用于一个人、一颗心，而是可以将我们许多人连接起来。我们在真相中成为彼此的伙伴。

我们将真相感知为"真实自我"的内在振动。我们都能够很自然地识别出内在对更广阔的生命背景的觉知，超越个体思维的任何具体内容。我们依循本能寻找那些能激发生命进化潜能的事物。从中感受到的敬畏之情推动着我们前进。我们追求的是，最深层次的"良善"。

指南针的设计宗旨是让你在任何地方找到自己的方位。你可以使用可移动的四象限系统作为指南针，找到你的内在现实。有了四象限的四个维度和教练位置，我们能够开发出一个"正念矩阵"，将其作为我们自己的真相指南针的"十字准线"。有了这一真相探测系统，我们就可以定位觉知所处的位置，进而扩展我们的觉知。

真相的四象限是什么？用它们来研究你如何识别真相……这才是真正值得去深入理解的。

首先，我们通过共鸣感来认识真相。如果能在如下所示的四个象限中感知到或看到它，我们就会找到强烈的内在现实共鸣。

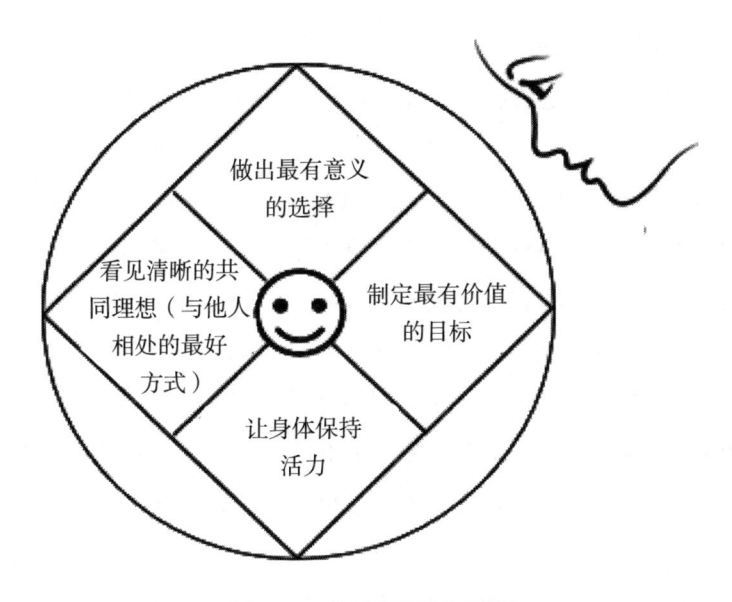

图 15.1　共振真相的四象限

如果存在是像吸引子一样由内到外的关键思想启发因素，我们会发现，真相是共振的！例如，如果体验是非常积极的，而且能帮助我们集中注意力，我们就会体验到共振。我们可以很容易地感觉到内在力量，并注意到它是否有助于我们保持活力，获得内在的和谐。

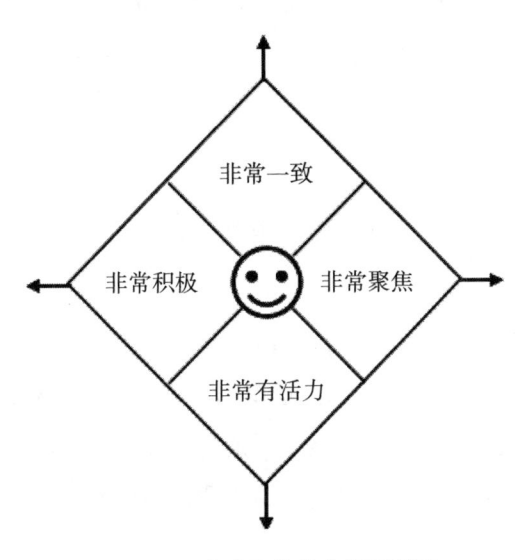

图 15.2　由内而外的共振吸引子

对内在现实的思考可以最大限度地指引我们探索当前生活中的重要事物。

只有我们能从内到外地感知到这些吸引子的存在。我们会注意到一段经历是否能引起强烈的共鸣。在视觉上，我们可能会看到一些转变：我们可能会看到与我们共鸣的事物在"闪闪发光"。在听觉上，我们可能会听到微小而强烈的内心低语，比如"这是最适合你的！"。在触觉上，这种共鸣感可能就像非常强大的内在拉力。我们会注意到这是否会带来很强的丰富感知，是否让我们感受到其重要性。我们选择将它作为我们自己的一部分，即使是有意识地将其纳入其中，但我们可能还不能用语言表达为什么会这样。

对内在现实的思考可以最大限度地指引我们探索当前生活中的重要事物。因此，真相并非与某件事、某个特定组成部分或某个元素相关。我们需要获取最清晰、最深刻的理解，找到最重要的价值观，探索到最全观的视野，为的是全然彻底地感知我们的内在现实。因此，对真相的深切感受，对我们来说，最终变成了对其的深刻觉知。为了表达真相，我们需要用语言来表达这一可以感受到的生命背景，尤其是通过提问的方式。我们倾听能引起深刻共鸣的东西。

使用四象限系统来探索内在现实的领域。以内在现实为焦点，你可以创造性地定义任何"当下时刻"的大小。你的"当下"可能是一分钟，也可能是一辈子。四象限地图和真相指南针可以引导你专注于关键领域，与此同时，你可以搭上思维"电梯"，迅速总览并感知所有方面。乘着思维电梯去到高处，抽离地观察你的生命线或时间线的关键部分。在这个过程中，记得学会区分与整合不同面向的内容。

情绪化的评判

情绪脑经常会直接反映出我们对当前生活状况的想法和感受。用思维高度的隐喻来说，这可能看起来像一部三维电影，展示了一系列可描述的事件。每天、每周、每月，我们看到的是基线水平的各种元素，思维高度最高可达1 000米。我们决定聚焦于什么事件，并将其作为我们当前的"现实"。

在通往内在现实的道路上，人们只会犯两个错误：

· 不是从自己的关键问题开始探索——那些从内在召唤着你的问题。
· 轻信负面的情绪、判断、疏离或烦恼；不敢完全按照自己内心的想法往下做。

在情感层面，我们总是试图定义什么是真实的，以及什么对我们而言是真正重要的。我们可能经常会像《爱丽丝梦游仙境》中的故事人物那样感受到判断的牵引力。然而，正如作者刘易斯·卡罗尔所指出的，任何"现实"都主要是由选择与视角组成的系统。在探索内在现实时，我们总是能切换到更大的视角，看见更广阔的背景。

> 特威德鲁蒂对爱丽丝说："你很清楚你不是真实的。"
> "我是真的！"爱丽丝一边说着，一边哭了起来。
> "你哭也不会让自己变得更真实一点，"特威德鲁蒂继续说道，"没有什么好哭的。"
> "如果我不是真的，"爱丽丝破涕为笑，这一切实在太可笑了，"我就哭不出来了。"
> "我希望你不会以为那是真的眼泪吧？"特威德鲁蒂不屑一顾地说。

这与科学验证的"外部真相"有什么关系？这是一个只有你才能探究的关键问题吗？ 特威德鲁蒂对"真实"的情绪化描述与其他层次的思维截然不同。然而，它对我们的价值选择与动机来说非常重要。从教练位置上看，识别并校准我们思考方式的变化，可以帮助我们做出令人信服的承诺，获得更广阔的真相之觉知，而不是受制于特威德鲁蒂兄弟的威慑。在每天的每一个时刻，我们都需要找到它，就像收到喜讯一样。同时我们也把它想象成一颗北极星，清晰地指引前方的路。我们可以将其与所有思维游乐场的探索联系起来，探索世界，探索自我及囊括整个世界的真我。

通过在教练位置上看见思维罗盘所处的位置，我们可以由内在平衡的宇宙发声，并体验到由相互关联的核心真相组成的整体。

当我们通过校准价值观与愿景来选择所处的生命背景时，我们会放松下来，不是吗？就像小爱丽丝一样，我们保持清醒的状态，感知到毋庸置疑的内在智慧。通过在教练位置上看见思维罗盘所处的位置，我们可以由内在平衡的宇宙发声，并体验到由相互关联的核心真相组成的整体。我们听到内在智慧令人信服的声音，并质疑特威德鲁蒂兄弟的各种判断，质疑内在对话的固定套路。

换句话说，你的"真相指南针"决定了你提出问题的能力，让你从多个角度思考，直到你围绕着真正对你有价值的事物，形成一系列令人信服的观点。运用真相指南针，你能感知到问题的关键，选择最合适的视角，探究不同的选项。然后，感觉到这一切的共鸣感时，你内心的第一选择自然而然就会出现，就像它自己要跳出来一样。

圣雄甘地是一位真理探索者。在任何关键时刻，他都会从内心深处寻求最强烈的"真相之觉知"。然后经过仔细的考虑——甚至需要花费几周的时间，他就会采取果断的行动，践行任何展现出一致的内在现实的想法。用他的话来说："我也许是个微不足道的小人物，但当真相通过我向世人展现时，我是不可战胜的！"

教练位置与获得真知

在某种程度上，对真相的探索就像穿梭于时间与空间的旅行，因为你可以同时体验到意图和价值观有所展现的多个范围。想想爱因斯坦是如何发现$E=mc^2$（质能方程式）的。在经过许多思考、实验与探询之后，他寻求的真相才显现出来。然而，就在那一刻，他灵光一现，清楚地接收到了这一灵感。从教练位置出发，你可以站在任何一个视角上，总览全局。

从教练位置出发，我们可以看到真相之探索的所有面向，不论是内在的还是外在的。我们可以在垂直方向上，穿越不同的层次和方面，进行深入的探索；也可以在水平方向上，探索过去和未来的思维图景，极大地扩展想象力的维度。你可以学会感知平衡，欣赏多种选择，并形成你对真相的深刻理解，深刻感受其中的价值观，如幽默、尊重、爱。于是，"真正的真相"就自然而然地显现了。

进化意识囊括了全人类。我们学会了为自己和所有人做选择。于是，我们的选择也表达了进化意识，而学习表达这种意识成了我们的基本自由。 我们选择了现在，也选择了未来。

将对真相的感恩作为背景

对真相的感恩变成了你的生命背景，就像很大的开放空间一样。在我们的一生中，我们学会通过识别这更大的背景来感知真相。在这样的背景下，我们可以自由地释放好奇心。真理探索为所有的"感知"和"观察"打开了一扇感恩之门，直到我们与内在智识紧密相连。

在我们培养这种能力时，探索内在现实的过程逐渐扩展为进化意识。进化意识囊括了全人类。我们学会了为自己和所有人做选择。于是，我们的选择也表达了进化意识，而学习表达这种意识成了我们的基本自由。 我们选择了现在，也选择了未来。

要想真正找到进化的真相，你需要扩展你的"当下"，使之足以容纳你最大的良善，激发你最大的潜能。你真正拥有的是"当下"，而你可以决定它的宽度与广度。

真相的整体性

探索真相意味着你认真对待生活。这意味着你全身心投入生命发展体验的所有核心领域，从外部的生物学、数学、物理和心理学等，到内部的个人道德、自我发展、神话创作、隐喻创造甚至诗歌创作等。这一切都变成了一种"假如式"的联觉与同步性。对真相之广阔背景的探索，逐渐形成超越一切的整体性。

藏传佛教徒说，我们每个人都要找到内在的真知，找到生命的整体性最深远的体验，愿意尊重内在真我，也愿意基于所获得的真知，为他人的福祉采取行动；要找到我们的"良善"或"神性"。我们经由内在现实获得的学习经得起时间的雕琢，并将成为整体性、真知的一部分。所有这一切，都显示出了神圣

我们每个人都要决定如何让自己的内在现实成为真正的现实。

的一致性。

  无论我们每个人如何追求自己的目标,我们内心都知道这追求是真实的。我们每个人都要决定遵循这些价值观,并为自己的承诺塑造相应的环境。就像小爱丽丝一样,这样的做法是无可厚非的。我们每个人都要决定如何让自己的内在现实成为真正的现实。

第十六章　将真相作为探索背景

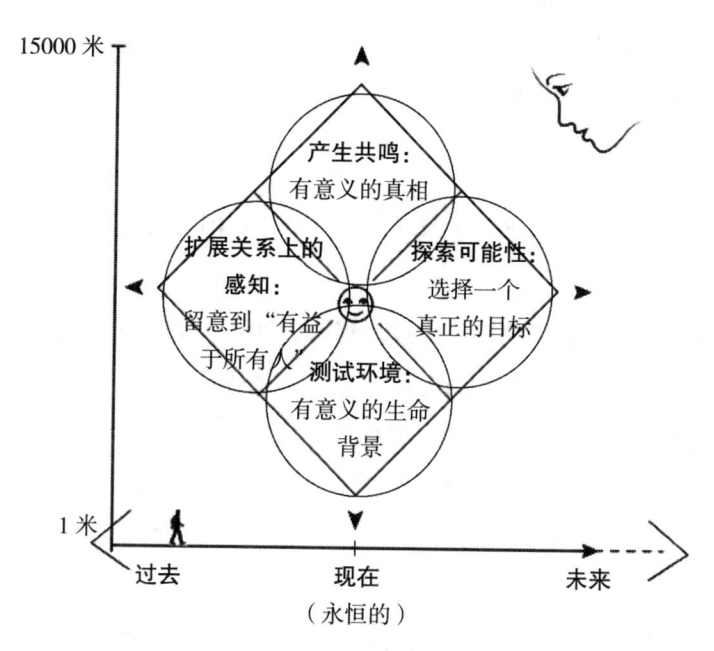

图 16.1　将真相作为探索背景

看一看图 16.1，它提到了真相示现的本质和不同表现，同时让我们可以从不同的视角，在不同的背景下理解真相。我们也可以将这些振动能级与抽象层级联系起来；这是扩展觉知的"度量尺"。然后，我们可以注意到，自己如何在不同层面上聚焦和体验到内在现实。

正如你在前几章和第一辑中所发现的，通过在思维电梯上探索不同的"高度"，你会注意到影响深远的价值观出现在生活的特定层面上。通过这种方式，当你在那个层面上，将注意力转移到世界的内部与外部时，你会发现每个视角给你带来的更深层的真相。

你会注意到，你的注意力层次也能拓展思维，打开潜在的创造大门。专注于对内在现实的觉知，让你能够越来越熟练地激活灵活生动的、生命发展的背景，并将其作为觉知真正的游乐场。

当你感知内在现实时，通过探索和测试觉知的扩展，你可以很快学会理解你的思维发展游乐场，理解你自己的不同智能的发展程度。你将学习如何攀登抽象的垂直山峰，学习如何"清除杂念"及如何"美化你的生活环境"，这样你才能逐步看见最有力量的愿景画面。你感觉到了自我的存在！美和真理在你的心田里生根发芽，枝繁叶茂。

我在、我做与我有——思维的垂直维度

在探索真相时，思维的**垂直维度**变得引人注目，因为它是高度投入的。真相之觉知是我们在"投注注意力的这一刻"所感受到的东西。我们可以从身心的不同维度来观察、聆听和感受，留意不同的内在视角所带来的不同体验。我们甚至可以飞到更远的地方，奔向无所不包的价值观连通性，那"浩渺的蓝色远方"。这一切都发生在顷刻之间。

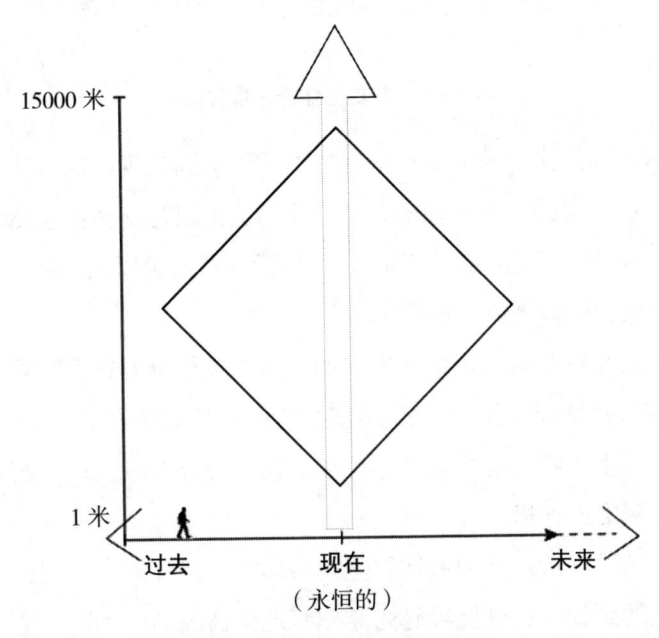

图 16.2　发展思维的垂直维度

> 当我们以最高的真谛为生活目标时，我们发现意图与感知可以变得完全一致。

当你在其中加上总览教练位置后，你就能很容易地激活四象限智能。你让自己在平衡的四象限觉知中安静下来，与你的内在现实产生共鸣。无论你探索哪个价值观维度，无论你选择哪个视野更为广阔的视角，即使是转瞬即逝，这一刻都属于你！通过练习，你可以用不同的话题来检验用四象限探索真相的路径，于是，四象限就会变成你生活的一部分！例如，如果你对某种事物感受到深深的敬畏之情，比如大自然的美，你可以将这样的感受变成你生活的一部分。你对生活的价值观体验很快就会填满生活的每一个象限、每一个层次。你的生活满溢着幸福与快乐。

在检验用四象限触及真相的路径时，你会注意到内在价值观所能达到的最高层次，也会注意到最善于感恩的、最有积极意义的视角。它们通常会带来最强大的力量，重新组合你在各个意识层次上的体验。用你的真相指南针来探索这一点。当我们打开所有视角后，真相指南针可以在我们的内心找到"真正的方向"。这个方向正是我们生命进化的强烈意图。有了这一更广阔的维度作为磁石，我们可以运用创造力，将游乐场建设成自我存在之域。当我们以最高的真谛为生活目标时，我们发现意图与感知可以变得完全一致。这就是内在现实的运作方式。

意图之舞——思维的水平维度

我们就像一支箭一样。视野所及的时间轴将我们的意图变成了一条行动线。我们的目标越远大，意图越强，当下的感知就越丰富。我们看见这其中的一致性，并以此来分配每天的精力——甚至当我们跨越距离，看向最远大的目标时，也是如此。

通过这一系列的技能组合，包括 GPS、高度隐喻、思维电梯、时间线隐喻和指南针隐喻——这些都来自第一辑和第二辑，你可以学会将四象限注意力视野运转起来，并有意识地这样做。你可以自如地穿梭于投入的、具象化的视角和教练位置的总览视角之间，寻找任何能激励你朝着当前目标前进的力量。你可能想先用 GPS 和思维电梯隐喻来探索，接下来是指南针隐喻和时间线隐喻。你将在本章末尾找到一个强有力的练习。

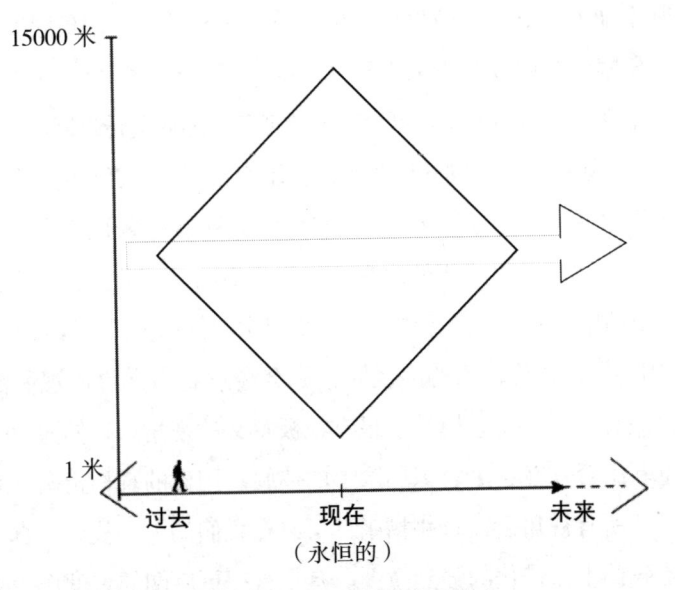

图 16.3　发展思维的水平维度

通过我在、我做和我有连接内在现实

为什么区分**我在**、**我做**、**我有**的内在觉知与你息息相关？因为其中存在一些直接的关联。首先，这样的区分能帮助你通过你的生命表达所触及的范围来观察你的内在现实。你的观察可以贯穿高层次的意识扩展（我在），行动与计划层面（我做），以及具体的感官层面，即味道与触觉的层面（我有）。你逐渐建立起一个智能系统，以帮助你在日常生活中区分更宏大的背景和更具体的内容。

通过思维电梯练习，你可以轻松优雅地从我在的层面，去到我做的层面，再到我有的层面。你开发了一个"快速切换按钮"，帮助你用指向内在现实的问题将思维的垂直电梯运转起来。当你激活你的觉知后，你的生活变成了不断行动的、动态变化的状态，而非一成不变。我们总是在移动，也总是在选择我们的共振层次。当你通过这样的能力保持稳定的教练位置时，你也在稳定与存有之觉知的心灵智慧的连接。这是你体验到的一种临在，它放松而又

> 在我在的觉知之域的下方和内部，我们可以开始界定行动元素，即我做的层面。有了以上这两个层面，获得实际成果的路径，即我有的层面，自然就会显现出来。

强烈。当你开口说话时，话语自然会由此生发出来。当你与他人连接时，你也自然而然地会感觉到这种临在。此时，感知与意图是完全一致的。

请注意，在我在的觉知之域的下方和内部，我们可以开始界定行动元素，即我做的层面。有了以上这两个层面，获得实际成果的路径，即我有的层面，自然就会显现出来。

用高度的隐喻来勾勒每个层次的范围与类型是很有帮助的，见图16.4。

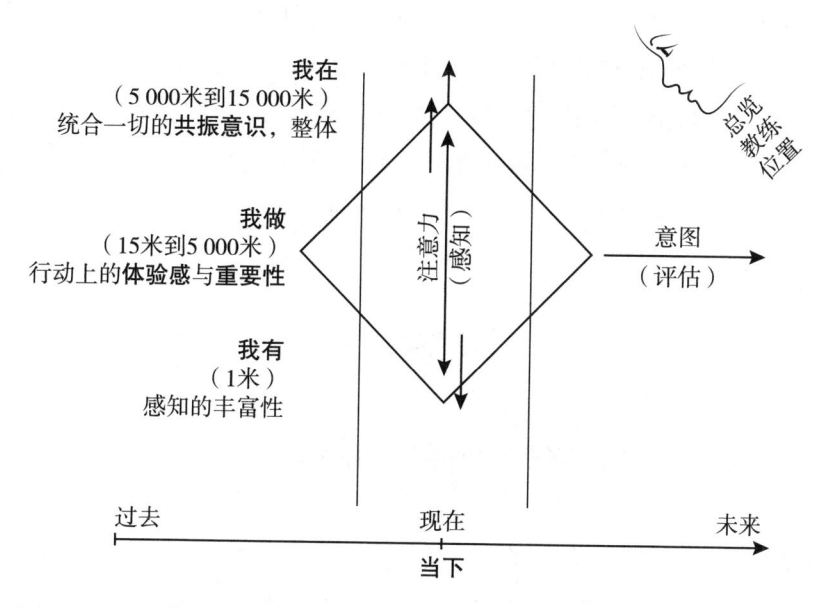

图 16.4　存有的游乐场：理解四象限智能的疆域

存有的体验会让你明了自己的觉知境界。在你的存有花园中穿行是非常简单的，就像学习如何飞行或如何跳舞一样。你感受到那股流动，然后你就会不断延伸！你可以在不同的生活瞬间进行练习，形成当前觉知的范围，然后让你的"延展意识"开启临在的另一番天地，进入更为延展的流动之中。在另一个节点上，你再一次开启新的天地。你可以在教练位置上问出问题，让这些问题指引你逐层深入，获得视野更广阔的观察者视角，深入更全面的价值观探索中，探求更深层的真相。你的探索将丰富对存有的感知，即使在你简单地体验临在之时。

> 当你用思维指南针或思维电梯进行练习时，你就有了灵活性。你学会平静地看待过去、现在和未来，也看见深刻的自我发现的所有层次。你将相应发展出越来越强的能力。

当你用思维指南针或思维电梯进行练习时，你就有了灵活性。你学会平静地看待过去、现在和未来，也看见深刻的自我发现的所有层次。你将相应发展出越来越强的能力。于是，不仅在你自己的各种具体想法上，而且在你思想系统的"所有层面"上，你都可以保持更为全观的教练位置。你可以平静地看着它们"流经你"。你可以在任何一个"楼层"停下电梯，让自己沉浸在喜悦之中。

渐渐地，你会注意到所有想法的特点，知道如何把它们归类，注意到它们并不是"你"，而是像累积至今、循环出现的想法。你塑造了它们，但它们并不属于"你"。你渐渐会发现自己可以自由地打开它们，关闭它们。你回想起内在现实与重要意义的召唤。这意味着你逐步成为游乐场的建设者，可以自主衡量每个想法的价值，也可以定义每个愿景的重要性。

保持临在

到目前为止，关于富有创造力的临在，你探索了什么？

- **觉知我在**：价值观与愿景的"高层次"注意力扩展可以被描述为从5 000米到15 000米的意识。我们可以进入所有的层次，感受到全然的临在。
- **觉知我做**：我们在行动上的意识层次、计划与我做的层次，是我们可以针对个人目标制定一系列行动方案的地方。从1米的感知到5 000米，我们可以在时间线和思维电梯上移动，查看我们的计划和行动周期。
- **觉知我有**：感官层面有时只有1米高。与身体感受关联的投入体验将我们带到更窄的视角，即每时每刻的身体感知。我们对自己的内在感官世界和丰富的感官体验拥有明确的所有权。每时每刻，我们都在扩展这种感官上的临在，为的是获得极致的感官体验。图16.5特别提到了觉知我在之存有的全面性与累加性。

觉知我在之存有

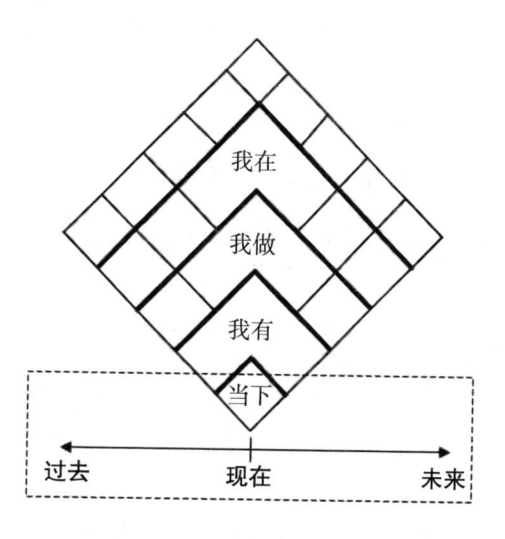

图 16.5　我有、我做与我在：扩展临在意识的俄罗斯套娃

从观察者位置上看图 16.5，你可能会产生有用的洞察。通过这张图，我们实际体验了思维的俄罗斯套娃，将其作为注意力扩展的大背景。这张图指出了学习的全面性与累加性，这使得场意识变得尤其有力量和可触知。

从教练位置出发，我们可以观察到"意识选择"似乎是包罗万象的，就像俄罗斯套娃的结构本身。我们可以看到，每个层次都是由更小的意识系统"堆叠"而成，一个之中还有一个。

从教练位置或观察者位置出发，我们可以理解并启用这些强有力的视角，而不把"自我"附加到任何观点上。我们看见，每个层次的整体性会自然显现出来，这是意识持续进化的一部分。测试这个综合系统，注意到意识如何深化成简单的我在，就像深海一样。（更多关于俄罗斯套娃的内容，见第一辑附录 D。）

当我们感受到自身存在时，我们全然觉知，完全活在当下，完全活在这永恒的瞬间。我们会感知到自己的无尽潜能，我们意识到自己是完整的、本自具足的。

练习我在之存有

什么是我在之存有？当我们感受到自身存在时，我们全然觉知，完全活在当下，完全活在这永恒的瞬间。我们会感知到自己的无尽潜能，我们意识到自己是完整的、本自具足的。回想你感受到自身存在的体验。对你来说，当你真的知道自己有潜能去学习任何东西、发现任何事物、做任何事情、发展任何能力时，你会是什么感觉？做自己意味着什么？是什么让你的存在变得毋庸置疑？

感受到自己的存在是如此简单。它只是意味着我们在自己的完整性中放松；完整性是一个复杂的意识扩展系统。当我们由内而外都全然放松时，我们就能感受到这真正囊括一切的意识。当我们放松时，存在是无限的、包容的、轻松的。

随着简单意识的扩展，我们从整体上可以获取更多信息，远超于在某一个时刻、在某个局部、在意识和工作记忆中获取的信息。我们感知到整个更广阔的意识，直观地体验它。我们的心豁然开朗，我们为扩展的意识感到兴奋。我们发现自己是整体的、非定域的思维宇宙的一部分。我们成为不断扩展的意识本身，开启了进化之旅。

投入其中，我们可以将意识作为整体来体验。我们可以看到和感觉到一种奇妙的纯净与平和的融合，进入充满意义与智慧的真实境地。这就是全然的整体性。

隐喻有助于觉知真相

你可以用隐喻来增强自己与内在的存在感同在当下的能力。也许你会把自己当作心灵花园中的园丁。如果你发现了旧有负面评价的"巢穴"，你可以观察

> 当我们读完一本书时，我们都需要消除过去的消极想法，清除书中不合时宜的结论。人生也是如此。

这块地方，你会发现它们好像只是杂草丛生而已。在日常琐碎中奋力突围就像在清理地上的枯枝烂叶一样。我们可以把它们放在一边，这样我们就可以一览整个花园令人动心的美，甚至可以花时间进一步打理它。

或者，用另一个比喻，你可能会看见以前的想法所形成的村落，于是，你可以向内发出请求，彻底清除这些旧村落，直至它们从你的生活中消失。现在，你可以在你的王国里好好生活了。你可以把注意力集中在内在现实的广阔疆域之中，注意到以前的边界——旧村落的边界——在你更为广阔的视野中变得越来越小。

当我们读完一本书时，我们都需要消除过去的消极想法，清除书中不合时宜的结论。人生也是如此。尽管如此，我们仍然可以广泛阅读过去、现在和未来的故事，将其作为冒险良多的自我学习的旅程。这意味着，当我们清除了生活中曾经的种种滤镜，清除了任何阻碍我们觉知内在现实之共振的狭隘想法时，我们就释放了自己，让自己进入完整性的体验之中。

整合意识：你的智能领域

让我们总结一下这一章。

真知的维度一直都在。只要你打开觉知，你就能感受到。同样，所有投入其中的觉知只能在当下体验。

意识从高层次整合的我在转移到中层次的计划与我做，就像在给我们的思维换挡一样。这有助于我们保持教练位置。有了教练位置，我们可以在各个层次上发展更为广阔的意识。

我们总是可以落到1米高的身体体验上。只要一个深呼吸，我们就能"着陆"。还记得20世纪60年代的知名歌手弗兰克·辛纳特拉（Frank Sinatra）轻声吟唱的"do-be-do-be-do……"吗？这是学习四象限的绝佳建议！

带着我们的好奇心和问题，真相之觉知扩展成我们思维中心的大背景。我们体验到它一直在延展，它自身的进化潜力正在逐渐展现。我们可以看到内在现实成为深刻持久的现实。我们可以在每天的生活中轻松地重新聚焦于自己的意图，以创造这个共振的实相。

最后，总览增强了你对觉知本身的觉知。当我们超越个人身份进行观察时，我们可以提升自己在每个层次的投入程度。我们发现，内在的观察者可以远远超越任何具体的想法，从而聚焦于深远而整体的内在现实。

深层意义——我们的内心世界

我们的动态智能是非定域的：一个"早于"所有部分存在、自行组合所有内在组成部分的自然整体。神秘主义者知道这是"充满创造力的区域"，是位于生命核心的"持续的意识"。这是我们自我身份认同的最深层次，是最底层的自我。对整体的觉知让我们体悟到深刻的自我一致性。当我们带着整体的共振意识来进行探索时，图式A、B、C和D，会让我们在任何一个方面形成永恒的感知意识，构建任何一个方面的自我。我们可以体验自己所有的思维形态都是潜在的可能性，都是我们可以沿着其轨迹进行探索的绳索。《思维的数学》一书展示了一个简单的系统，它一次又一次地持续运行着。

当我们用地图和图表欣赏整个思维系统时，就是在激活所有的思考路径。如果我们感知整个系统，就会激活整体感知。一个简单的四象限图可以让我们做到这一点，它可以让我们超越自我对话，从整体上采取教练位置视角，看到事物的方方面面。请注意，当我们由衷欣赏整个系统时，一切都会有效运转起来。这就是四大法则中的法则四，见本书第二章中的描述。

我认为每个象限元素都为生命的创造带来了一个"神圣空间"。每个元素都能有效促进真正的内在发展。然而，当我们将内在生命的四象限作为整体的公共空间来探索时，内在发展的机会就大大增加了。富足的积极意识真正变成我们的感知平衡点。我们开始深切赞赏生命中所有相互关联、相互补充的面向。

思维的各个方面都是相互渗透的。每迈出积极的一步，我们就能超越一次消极的话语。我们理解内在与外在的"地图"。然后，我们可以找到内在的完整性，灵光一闪，看见显现出来的下一步。

进入整体性的疆域，体验内在动态觉知的流动。通过仔细绘制的思维地图进入其中，然后观察你内在世界的每一个角落。每个角落都是整体的一部分，是变化无常而又一成不变的感知。注意愿景的闪现，那是内在觉知的出现与复现。让自己克服负面评估的顽强抵抗，这样它就不会影响你的思考！将自己的思维扩展到动态的感知之中，扩展到那自成一体而深刻的感知之中。用以下这些练习来帮助自己形成自我一致性。

觉知真相的练习1：活在当下

此刻，停下手中的一切，做一次深长的呼吸。感受、观察与聆听你此时此刻内在与外在的觉知。感受到你对真相的觉知就是临在。

你已经练习过使用"觉知电梯"，也学会了如何想象注意力的垂直维度。现在，迅速让自己去到扩展意识的"顶层"，用你最广阔的视野，欣赏你在此处体验到的价值观与愿景的全貌。闭上你的眼睛，深呼吸。你好像就站在高山之巅，你张开双臂，迎接广袤的天空。

让自己存在于这一觉知之中，感受这一内在现实的临在，感受它的鲜活和无限可能性。或许，你可以体验到它是美丽而闪耀的某种光亮或某种色彩，它在你心间萦绕，也环绕在你的周围。当你感受到内在现实的那一刻，感受价值观的欢跃，感受心在扩展的温暖共鸣，你有什么感觉？

你也会变得更宽容。你从最广阔的价值观与愿景觉知中感受与许多生命同呼吸，共同活在地球上……现在，再做一次深呼吸，记住这份深层存在的觉知。

觉知真相的练习 2：保持临在的练习

你可能会喜欢下面这个简单的练习：

- 从存在层面开始，全然放松自我的所有感知。
- 和练习 1 一样，进入你最广阔的临在扩展之体验中。
- 就像滑翔机在意识的上升气流中漂浮一样，扩展你的临在觉知，直至囊括你周围的一切，就好像你能做到一样！
- 从这个背景和临在的总览位置开始——这是扩展的价值观觉知，向下移动，直到你能同时想象到新的一天的"黎明"——这是你日常生活的呈现方式。
- 在你开始总览全局时，继续体验完整的存在，将其作为你首要的背景，然后将觉知延伸到你的日常生活中，看见你每天在行动层面做的事情。你可能会从宏观视角来观察你的行为，在快速切换的思维场景中看到各种计划好的行动时刻。再接下来，向下移动到可视化的范围，在更广阔的情境下，享受这一天的各种可能性。在体验式的临在中总览这一切的发生！
- 当你能感知到所有面向时，继续向下移动到身体觉知上，感受你当前体验的感官现实，伴随着呼吸，感受你的视觉、听觉、触觉、味觉和嗅觉。感受你身体上酥酥麻麻的感觉，这就是"临在"。
- 现在，将觉知存在的活力渗透到你所有的身体感官中。享受所有层次的存在感！

成为内在现实

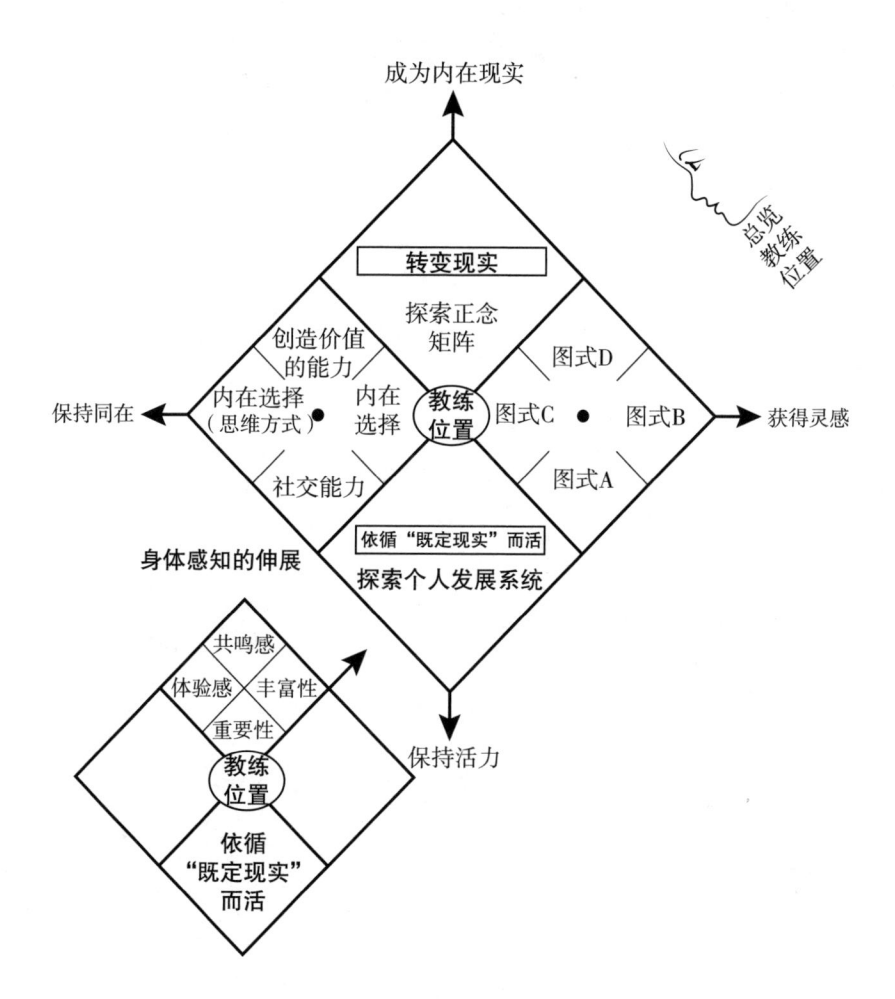

总览教练位置

转变现实

创造价值的能力	探索正念矩阵	图式D	
内在选择（思维方式）	内在选择	教练位置	图式C • 图式B
	社交能力		图式A

保持同在 ← → 获得灵感

依循"既定现实"而活
探索个人发展系统

身体感知的伸展

共鸣感		
体验感	丰富性	
	重要性	
	教练位置	
	依循"既定现实"而活	

保持活力

163

附 录

附录1　感知本就是积极的
附录2　设计精通游戏：大师之旅
附录3　开放式问题线
附录4　思维的逻辑层次
附录5　成功练习
附录6　图式D和整体感知的数学
附录7　图式D的进阶练习

附录1　感知本就是积极的

当我们用内在感官来进行感知时，注意力会自动跳转到投影在内在剧场的影像、语音语调和感觉上。请注意，我们内在无法理解负面消极的图像、声音与感受，而只是如其所是地"看见"。这意味着，如果有人对我们说"不是什么"，我们的脑海中不会形成相应的影像。例如，你如何理解"别摔了"？这件事还没有发生。这意味着，我们只能从外在感知那个对我们提出警告的人，或者在内在的剧场中看见防止摔倒的各种图像。

简单地说，"别摔了"只是语言信息。然而，这个带着四个"小组块"的注意力、每天都在运作的意识平台，这些具体的语言可以阻挡与摔倒"相反"的所有感知。也许是在结冰的地面上注意自己的脚步，然后，我们真的很容易失去平衡。

我们关注什么、寻找什么，就会找到什么。如果我们思考摔倒的过程，内在的"意图回路"就会让摔倒发生的可能性更大。

同样的过程也适用于声音和感觉。确切地说，你如何感知"不"的声音？首先，我们需要创造一种声音，在脑海中想着"不要让它发声"。例如，你能开始"不听"这首《祝你生日快乐》吗？尽量避免回想《圣诞节之歌》的第一句，或者尽一切努力，不去听《铃儿响叮当》的歌声。

感知与负面消极的事物没有任何关联，只和人们的评估有关。当我们否定自己的感知时，它们就不复存在了。事实上，它们"从未"存在过。你能想象"别把牛奶洒了"吗？你能理解"不要惊慌"吗？这样的话会让你脑中出现什么画面或让你有什么感觉？通常情况下，你会看到打翻的牛奶，想象到惊慌的场景——这与所强调的"别"和"不要"完全背道而驰，也和尚未发生的事情完全相反。"不"字根本没有容身之地！

当你在一件事情发生之前想象到可能发生的事情时，令人惊讶的是，你就在创造它。这也是量子物理学家在波变成粒子时所发现的。事实上，由于我们遵循思维地图中的路径，如果我们开始想象"恐惧"的各种状况，我们就会得

> 我们的动态思维是富有创造力的！我们只需要完全专注于某个事物，然后在整体的画布上把它创造出来。

到我们不想要的东西。统计数据显示，当我们想象滑倒时，我们更有可能滑倒，或者当我们告诉自己"不要打喷嚏！"时，我们更有可能打喷嚏。

在任何情况下，感知都是简单的。我们内心的选择关注我们做了什么而不是不做什么，我们看到了什么而不是看不到什么，我们听到了什么而不是错过了什么。只要感知到"子虚乌有"的存在，它马上就会存在。我们的动态思维是富有创造力的！我们只需要完全专注于某个事物，然后在整体的画布上把它创造出来。

你可能对之前感知到的事情有消极的想法，但你会注意到，你把这些负面评价加到了当前回想起来的内在画面中，而且实际上，你是在最初的事情发生后这么做的。这通常意味着，我们在播放一部自带评论的老电影。或者，我们可以从抽离的视角来观看这部电影，或者在场景中加上聚光灯或"色彩"，比如改变氛围感和画面特质。这些都是我们加进去的"其他感知"，就像做菜时在面糊中添加香料一样。

顺便说一下，这些评论从来都不是单独出现的。人们倾向于重复他们的消极想法和结论，就像不断回放的录音一样。简短的"声音片段"总是会回荡在他们耳边。例如，有时人们会想到某种可能性，也许是尝试新鲜事物的机会。但是，他们却会把它和曾经的负面信息联系在一起，比如"我才不喜欢这个"。当消极的声音响起时，他们就会让自己活在消极的背景音中，活在负面信息组成的框架里，体验各种各样的可能性，即潜在的积极选择。而且，仅仅是因为习惯使然，他们倾向于关注消极的事物，并把它作为自己接收的"真实"信息。

这意味着，当消极评价的话语或声音影响人们的注意力时，人们通常会习惯性地与过去的选择进行比较。人们失去了对当下的觉知，也失去了做出新选择的可能性。

如果我们在想，"我不开心"、"我不够好"或者"我做得不对……"，我们就会陷入比较之中，也错失了当下这一刻；反之亦然。如果我们让自己关注当下的美好，我们就在使其积极意义倍增。我们开始升腾起来，上升到价值观欣赏的上升气流之中，感受到此刻的永恒，也感受到周围的一切都在我们之内。

我们深深地沉醉于这一无限延展的体验之中……就在当下这一刻。

有趣的是，当我们的负面体验倍增，直至达到极限，即倍增的（-×-）时，我们脑中有时会跳出那些负面体验，在负面体验的整个系统中发展出教练位置，从而超越原本的系统。这意味着我们跨过了我们往常消极体验的门槛，回到积极感知的空间中。像所罗门一样，我们拆掉了有负面意义的屋子，从头开始搭建。我们抛下了无休止的负面评价，找回了真实感知的积极心态。

环视四周——此刻你所能看到、听到和感受到的地方，仅仅是"去看你所看见的"，打开你的感知——也许是透过窗户看到街道，或看到更远的地方，看看画面中的色彩和光线。给自己设定观看的范围，例如，看远处，也许是人的整体视角，也可以看近处，也许是脸，也许是手上的皮肤。你可以看得更远一点，也可以看得更深入一点，也许看到个别的毛孔。现在，进一步扩展，或许你会感受到勃勃生机所带来的温暖和喜悦。在这一刻，聆听可及范围内的声音，持续扩展你在视觉、感觉与听觉上的感知范围。你会注意到，在整个积极感知的范围内，你根本感知不到任何消极事物。享受这份体验吧！

附录2　设计精通游戏：大师之旅

设计精通游戏

当人们了解了如何用图式 B 的结构来设计一款内在的精通游戏后，人们便能够用这个绝妙的框架在多个领域内"拉伸成果"。人们学会设定强有力的成果，然后去实现它们。

什么是目标之外的目标

关注"更远大的目标"是图式 B 的一个主要特征。对于图式 B，项目所有者要学会问这样的问题："除了在这里取得的具体成果，我更远大的目标是什么？"或许，我们会看到我们真正的目标是成为一个有胆识的领导者。或许，我们会看到自己活出真正的良善。在目标之外，还有什么可能成为你的目标？透过薄雾，我们看见自己拥有成为大师的能力。当我们看到更大的目标时——不论是什么目标，我们就会开始爱上这个游戏。

大师之旅的流程：探索精通的四个阶段

你认为精通只是少数人的特权吗？回想你目前所拥有的技能，比如走路、阅读、烹饪等等，任何学术上的、运动上的或艺术上的才能，所有技能都有一个特定的学习周期，在实现精通之前，也都有特定的发展阶段。精通的许多形式已经存在于你的存有之中。其他形式也都在你的可及范围内。

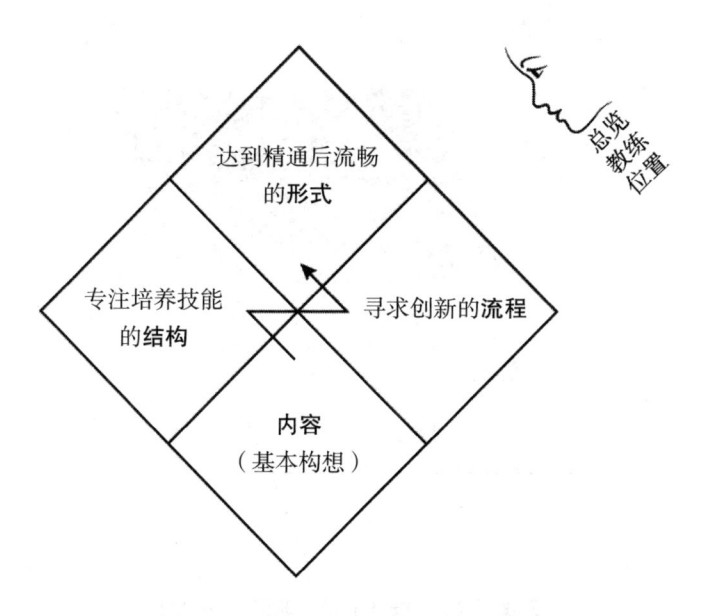

任何值得做的事，一开始就值得做得不好。继续向前。你将学会"在前进中失败"，从错误中吸取教训。

附录图 2.1　精通的内容、结构、过程和形式

任何技能要实现精通都需要经历四个阶段。你在每个阶段都会有学习和获得成功的机会，这又会让你在成长过程中增强信心。每一步都是通往精通之路的关键一步。

和任何旅程一样，如果你在一开始就知道每个阶段会发生什么，那么当挑战出现时，你就更有可能完成整个旅程。任何值得做的事，一开始就值得做得不好。继续向前。你将学会"在前进中失败"，从错误中吸取教训。

第一阶段：构想

构想阶段是大师之旅的开始。如附录图 2.2 所示，在这里，你拒绝重复旧的行为模式，开始规划新的可能性。

当你真的决定要追随自己的目标时，你更多的是要跟从灵感——基于价值观的愿景——的指引，而不是绝望的指引。

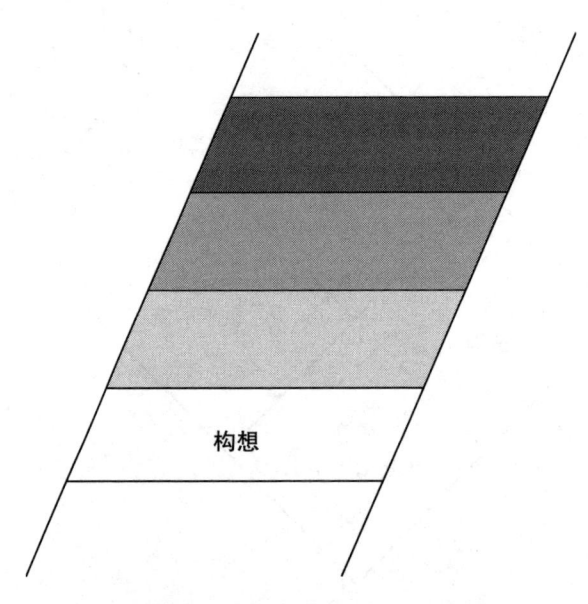

附录图 2.2　精通的第一阶段——构想

在构想阶段，你对自己有什么感觉？你的内心有火花。你对自己想要创造的东西有一个想法。令人兴奋的愿景正在拓展你的思维。在大师之旅的这个节点上，你可能会无意识地对即将到来的事情感到无能为力。这也就是说，你可能还没意识到，针对新的目标采取行动或培养新的技能是多么具有挑战性的事情。相信"还不知道"的那种感觉是这个阶段的一个组成部分。

一个很好的例子可能是，一个人——也许是你自己——正准备投身于一份新的事业，如成为一名商业教练。经过多年的努力工作，你已经成为一个企业领导者，并且相信自己具备关键的领导才能。然而，一旦你开始下一段旅程，你就会发现各种各样意料之外的要求。新的职业给你带来了不稳定的、复杂的挑战，对你的技能提出了苛刻的要求。也许你从来没有研究过在教练的领导者们身上出现的那些出人意料的习性。也许你从未考虑过他们可能面临的复杂状况或团队执行所带来的挑战。你在一个充满意外和自我探索的领域中逐步完善自己的构想。

这个阶段的关键是要坚定。当你真的决定要追随自己的目标时，你更多的是要跟从灵感——基于价值观的愿景——的指引，而不是绝望的指引。当你备受愿景激励时，你满怀热情。而当事情变得有挑战性时，你又会有所迟疑。备受愿景激励的人了解过程中需要付出的代价和需要面对的挑战，也知道保持内心平衡有助于看见其中的积极意义。

第二阶段：专注

当你开始把你的想法和计划带到这个世界上时，会有一个时刻出现挑战或障碍，那会让你怀疑自己，怀疑你所做的选择。你意识到实现目标的过程是具有挑战性的，你需要用尽一切力气实现目标！你甚至可能开始思考，为什么你不应该做你正在做的事情。你可能需要付出更多的精力，因为你的任务需要你投注全部的注意力，需要你学习更多的新知识。这些是第二阶段的特征，即专注阶段。

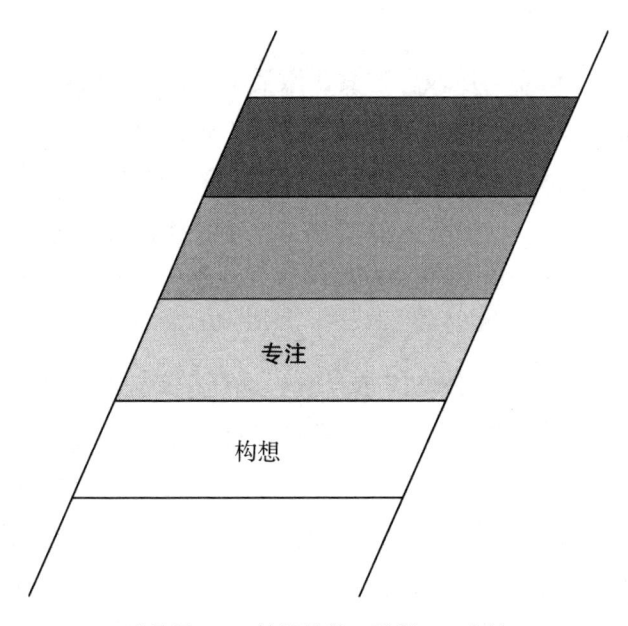

附录图2.3　精通的第二阶段——专注

在专注阶段，你真正迈出了第一步，因此你会有意识地意识到，面对你想要实现的愿景，你的能力是不够的。你意识到挑战有难度。当你意识到自己

你对某件事知道得越少，你就越有机会从中学习、扩展与成长。

能力不足时，你可能会贬低自己之前付出的努力。在这个阶段，人们通常会选择放弃，因为那种被压垮的感觉压过了那一点点成就感。然而，就像学习如何骑自行车或如何驾驶，一步一步地，脚踏实地的练习与实践将逐步带来新的整合。

为了度过专注阶段，你需要保持高度专注，全身心投入到实现目标的过程中。你需要停止将自己与他人比较，与过去的力气比较。持续的注意力需要你能清晰地看见愿景，需要你做出坚定的承诺，但有时情绪会用恐惧蒙蔽我们的双眼。和一个好教练建立起一段支持你的伙伴关系在这里是很有价值的。当你笃定地追随梦想时，你将在这个阶段得到惊人的成长。显然，你对某件事知道得越少，你就越有机会从中学习、扩展与成长。

第三阶段：动力

在第三阶段，即动力阶段，你真正激活了内在的成就者，并为自己创造了更大的游戏。你完整的图式 B 技能正一点点地浮出水面。你一直保持着专注，并且做了所有能让项目取得进展的事情。你已经掌握了综合的基本技能，现在你开始大步前进了。你已经培养出了这项技能，也知道如何朝着精通持续地改进。当你开始注意到目标任务正变得容易时，你就知道自己已经到达了动力阶段。

在这个阶段，尽管你的想法、技能和行动都在支持你实现目标，但它们还没有完全一致或形成习惯。你是"有意识有能力的"，但是，要想取得好的结果，你仍然需要保持聚焦。随着时间的推移，你会达到一种泰然自若的状态。渐渐地，你会变得越来越熟练，能流畅地运用你的技能，保持这股上升的势头。最终，你开始感受到持续而来的动力。你感觉一切都很稳定。只要你能持续保持动力，你的技能就会发展到新的水平。

当你在玩大师游戏时，你不仅仅是在做一些与以往不同的事情，你，你自己，也因此变得不同，变得焕然一新。你的生活也因此而改变。

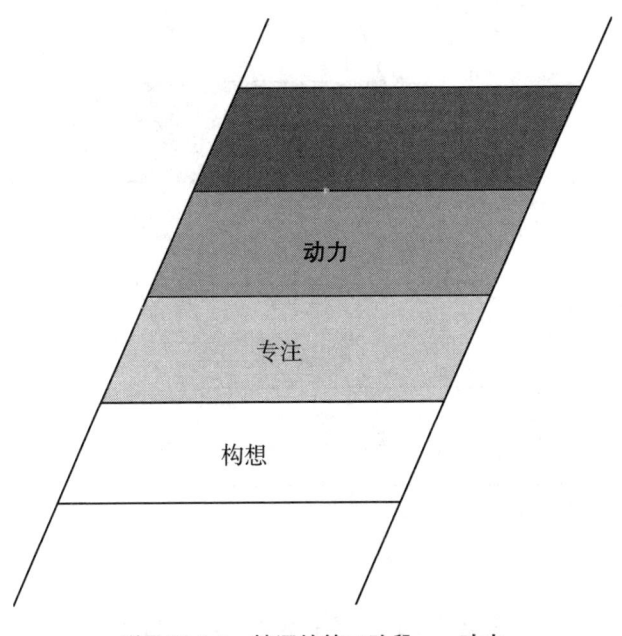

附录图 2.4　精通的第三阶段——动力

第四阶段：精通

最后一个阶段，你猜对了，就是精通！精通是什么意思？首先，一致！技能、行动和习惯现在是一致的。练习步骤已经变成了你的习惯，所以保持习惯或完成项目就是轻松的、不费力的。你已经具备了精通的能力和品质。在这个阶段，你会经历前所未有的变化和深刻的觉醒。当你在玩大师游戏时，你不仅仅是在做一些与以往不同的事情，你，你自己，也因此变得不同，变得焕然一新。你的生活也因此而改变。

无论你通往精通的道路如何展开，你都会经历各种各样的阻力。在专注阶段，当你离开自己的舒适区，进入未知领域时，阻力实际上是这个过程中必然的一部分——你预料到它必然存在。你可能会痛苦地意识到实现你想要的是如此困难。人们很容易受到诱惑，放慢脚步、"欺骗自己"（暗中贬低自己的努力，

克服阻力的关键是，当你经历它的时候意识到它的存在，并有意识地选择接受你只是在那一刻感觉到了它。

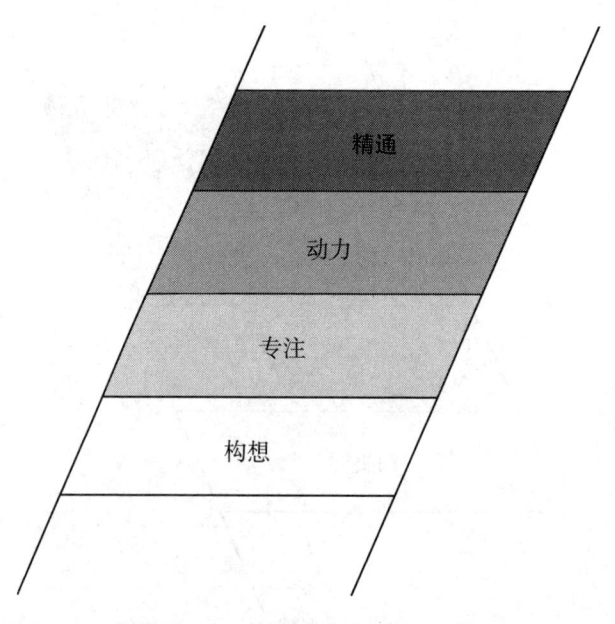

```
精通
动力
专注
构想
```

附录图 2.5　精通的第四阶段——精通

然后马上意识到这是荒谬的辩解）、走捷径、放弃、降低期望，或其他让你的努力付诸东流的诱惑。这些形式的抵抗会让你的决心土崩瓦解。

在这个过程中会有某种形式的阻力是可以预料到的，但这并不一定终结了你的成功之路。克服阻力的关键是，当你经历它的时候意识到它的存在，并有意识地选择接受你只是在那一刻感觉到了它。当你激活内在的成就者时，你就逐渐走出了自我贬低的牢笼。你可以释放掉自己的情绪，然后在脑海中设定一种精通的状态。一步一步地，你能唤醒成为大师的状态。尽己所能，去实现自己的梦想。支持自己超越任何阻抗的感受，朝着你的愿景前进。现在，内在的精通之流动成为你真正的存在形式。你完全放松下来，体验到自己正在过着曾经梦想的生活。

附录 3　开放式问题线

开放式问题线：图式 B 练习

开放式问题线流程的目的是克服内在的阻力，扫除针对尚未实现的目标或尚未达成的愿景的沮丧。我们用一系列开放式问题来创造一个更大的游戏，这个游戏超出你以往的预期，里面并不存在任何缺陷或失败。

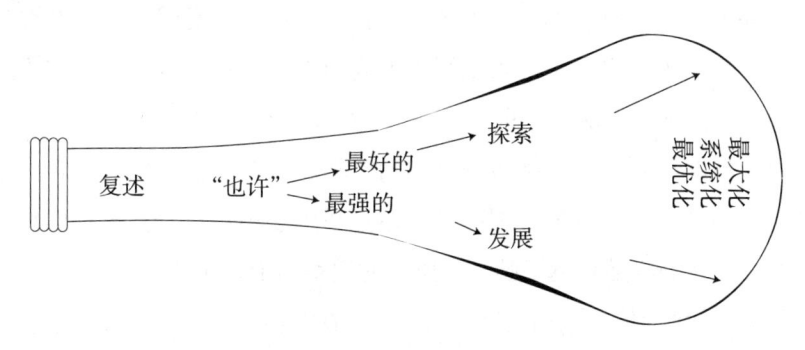

附录图 3.1　开放式的理念

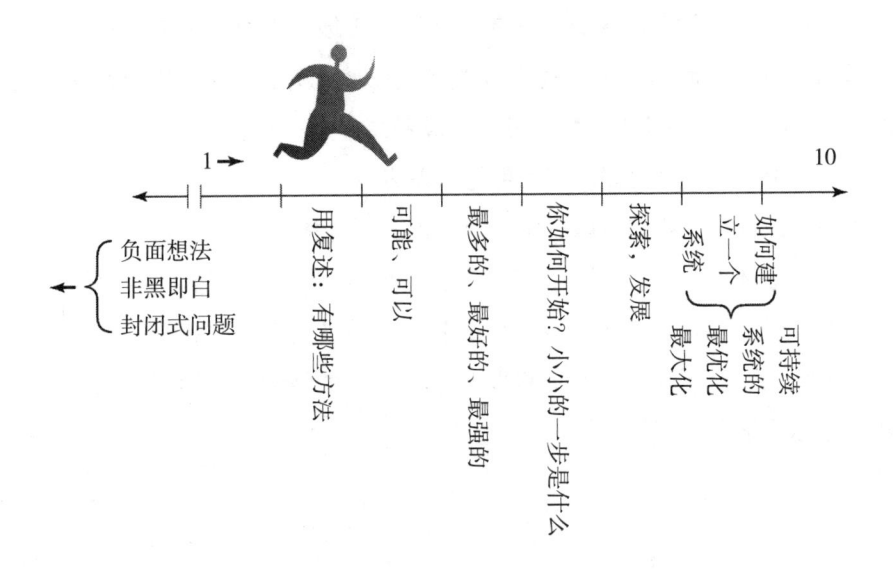

附录图 3.2　开放式问题线

《被赋能的高效对话：教练对话流程实操》一书中有开放式问题线的详细流程。这是一个图式 B 的流程，有以下四个关键步骤：

第一步：我们转变了过去的思维方式，让自己重新聚焦，制定具体的、可实现的目标。在开放式问题线上，我们会问自己："我想要取得的成果（内容）是什么？"我们也会问自己："我想要发展的重点是什么？"

第二步：在第一步的基础上，我们学习如何用不同方式思考，探索下一步的可能性。我们会问自己："要想得到我想要的，有什么办法？"我们想要了解各种可能性——如果可能的话，就是举多个例子，以发现这些可能性。

基于我们提出的新问题，我们有可能进行头脑风暴，产生一系列新想法，并决定该如何前进。我们问"如果……就会怎么样"这类问题，以发现不同的策略方案。我们也可以在平衡轮或清单上列出成功的可能选项。我们将多样性呈现出来——找到尽可能多的选择——以激发新的潜能。

一步一步的探索可能包括检查具体的步骤，了解它们的价值。我们正在通过一个清晰而详细的流程来实现移动。通过找出多种选择，并将它们视作一系列的可能性，我们逐渐超越了脑海中所有的质疑与消极想法。

第三步：我们到达了一个"临界点"。现在，我们准备真正地把重心放在最大化整个系统的价值上。在这里，我们将发散性思维收敛到具体情况上，让所有潜在的价值实现融合。这意味着我们开始真正地朝着目标努力。我们的探索远远超出了以往任何"较小规模"的努力，从而发现了前进的最佳方案。我们会发问："在所有可能性中，什么可能是最好的方式？"这让不同的价值差异聚敛为一点。由此，我们可以制定出可行的策略。

第四步：现在，我们可以想象一个真正的"优化系统"。它可以彻底改变过去的想法和思维图式。我们会发问："如何才能建立一个系统，最大化这个机会？什么方式能够优化这个选择？什么制度能够维持它？"我们探索如何提炼其中的方法论。有了这个，我们可以开始设计一个整合价值的图式，并从更全观的视角总览整个系统的运作。

我们现在准备行动

　　从曾经"错过的第一步"作为内容，到建立更好的结构，到测试新的可能的流程，再到形成一个更好的、可行的整合形式，我们一路走过。

　　从现有流程所能触及的最远区域，我们可以回顾过去的内容。通过我们提出的开放性问题，过去将发生根本性的变化。我们已经从最开始启程的地方走了很远。我们已经启动了创造性进程，它足以让我们的视角更为全观，看见更恢弘的背景。我们整合出了一种强大的新形式。现在，我们进入更大的游戏之中。

附录 4　思维的逻辑层次

价值观的逻辑结构：逻辑层次系统

当爱因斯坦说"你不能在产生问题的同一思维层次上解决问题"时，他想表达的是什么意思？加利福尼亚的神经语言程序学（Neuro-Linguistic Programming，NLP）专家罗伯特·迪尔茨（Robert Dilts），在格雷戈里·贝特森（Gregory Bateson）、伯特兰·罗素（Bertrand Russell）和阿尔福雷德·怀特里德（Alfred Whitehead）早期研究的基础上，设计了一个简洁的模型来观察思维系统。我们现在称其为迪尔茨逻辑层次框架。这个价值观构建模型以一种简单而又深刻的形式展示出了人类是如何在世界上发展起来的。它呈现出了一个清晰的案例，说明我们如何在进化思维的更高层次上，有效地解决过去的"问题"。

价值观是有结构的。在深入探索深层价值观时，我们可以注意到其中可识别的清晰联系。在这个结构中，我们会发现一个对我们而言重要的、闪亮的意图。我们可以感觉到它，进入它，并成为它。我们可以用这个系统来进行项目设计。我们成为我们所珍视的东西，就像一片被我们捧在手心的雪花一样。

在用逻辑层次进行提问时，真正值得注意的是，你可以在任何项目中提炼出"价值观结构"，并以此设计出最佳的行动步骤。只要问出清晰的逻辑层次问题，你就可以将任何项目系统化。将可操作性与其他价值设计进行比较，并选择投入时间与精力的最佳方式，一切将变得容易得多。

这是怎么发挥作用的呢？你可以用一个提问公式来探索逻辑层次的价值观结构，这让你能够捕捉到直觉的闪现，衡量并展开与你内在意图相关的价值观与愿景。使用逻辑层次问题，你可以发现与目标相关的内在愿景，并选择最合适的方式来为你心中的项目设计策略。

强有力的逻辑层次问题带来了一个简单的提问公式，使其契合于项目开发的整个系统。这让你可以创造出一个行之有效的价值观实践框架。你可以跟随问题的逻辑进行一次结构化的探索。这让你能够看到和感受到项目设计的内在完整性。

转化式对话：自上而下的逻辑层次

用逻辑层次来进行探索时，它的力量体现在能够将多个方面的问题整合在一起，从愿景到价值观、能力，再到行动，都能整合在一个自我发现的模型中。逻辑层次的流程是多维度的，整合了我们的能力。我们好奇，我们探索，我们承诺，我们整合出价值观愿景的逻辑进程。

那么，在探索任何项目时，最有效的层次是什么？想象一个金字塔结构，不同层次的问题呈阶梯状排布。按照迪尔茨的模型，六个主要的逻辑层可以被认为是任何项目的核心，能创造出一个探索与发展的有效系统。通过模型中原本的排布，我们可以看到一个层层嵌套的系统，从上方或从中心流动而来，我们可以从高到低描述这些层次。

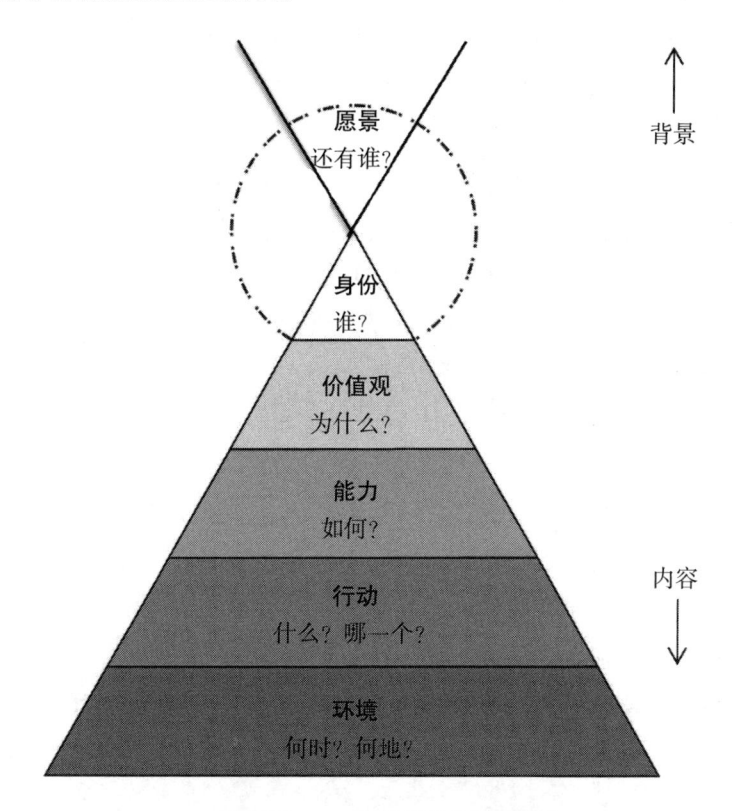

附录图 4.1　项目设计的逻辑层次

如何用逻辑层次来提问

在附录图 4.1 中我们可以看到一个逻辑层次三角形，它包含愿景、身份、价值观、能力、行动和环境这六个层次。它很适合用来做规划。我来分享一个我的例子，分析我是如何用逻辑层次来设计花园的。

- 如果我从愿景开始，可能我很快会在脑海中捕捉到一个静谧的花园，一个在夏日里我可以闲适地坐下来的地方。我看到并感觉自己身临其境。
- 接下来，我将到达我的内在身份处，变成一个重视创造优美环境的园丁。
- 接下来，我继续了解作为园丁需要具备的技能：我设想自己有能力让花园变得枝繁叶茂、光影交错、引人入胜。我能否根据花园里的阳光、树荫和土壤的特点，确定那棵日本枫树种在哪里最好？
- 最后，我准备用我的铲子在合适的地方采取行动！

注意这里的思维变化。逻辑首先从一个更大的愿景开始，到身份、价值观、能力、行动，再到环境的细节。我们可以快速总览逻辑系统本身，它将不同层次的考量组合成一系列问题，每一个都包括它下面的一个。你将如何使用它？

项目开发的问题

人们喜欢按照逻辑层次中的"步骤"来设计自己的项目。我们喜欢这个做法，就像小孩子喜欢俄罗斯套娃一样，最大的套娃里面有许多个小套娃；每一个都不同，里面还有一个。我们开始打开自己，并被这个过程深深吸引。我们进入内在逻辑进程的流动中，一个接一个地进行探索。

虽然说在每个层次上都需要复杂的设计和一定的学习要求才能取得可见的成果，但是同时探索这六个逻辑层次可以帮助人们全面考虑他们的项目。我们有能力向自己和他人提出一个全面的计划。

这些问题如何以一种轻松而自然的方式将我们带入内在意图之流动中？你的大脑自然会按照体验的层级或层次运作。当人们用关键问题来探究他们的项目及其潜力时，他们就会发现隐藏在日常生活中的各种视角开始自然地展开。这很容易带来一系列的视觉影像。人们主要通过一致性和重要性来感知和识别其中的价值观差异。

如前所述，我们可以将这些层次想象成一系列俄罗斯套娃，较高的价值观与愿景层次出现在中心（或顶部），而更明显的行动与环境层次从中心转移到外部或边缘，就像树干中的年轮一样。我们也可以自上而下地设想。

这些层次可以用更多或更少的细节来定义和应用，或者用一些不同的名称和步骤。我们的目标总是区分和研究必要的关键问题，为的是确定设想、评估、计划任何一个项目必须由谁来做、为什么做、如何做、做什么以及何时何地做。环境这个外部因素好比树皮一样，可以包括在其中或被排除在外。然而，各个层次的内涵保持不变。

"层次"是什么意思

逻辑层次问题是最基础的项目规划问题，它们共同形成了思考愿景的整合图式。逻辑层次不是机械的组合，而是可扩展的视觉框架。它就像陶工的转轮一样，你可以用它塑造意图的粘土。最终，你会在任何重要意图上展现出你自己的俄罗斯套娃式的自我表达。

选一个你想要启动的项目。你可以问自己："在这个项目中，什么样的愿景是吸引我的？在这个项目中，我想成为谁？为什么这对我来说是有价值的？我该怎么做呢？需要哪些具体步骤？我将在何时何地开展这个项目？"整个探索的逻辑以令人信服的顺序展开。

从顶端开始，进入框架之中，让我们分别从个人生活的不同方面来看看这些层次。

身份层面以自我探索金字塔的这一"点"为开端，用与项目相关的问题开始进行个人层次的探索。在"我是谁"的问题中,一个人会触碰到他活着的意义和自我的隐喻,这是探索的关键领域。关注身份,我们倾向于将其与个人的内在意图联系起来。然后,我们就可以开始有意识地将这个意图转化为我们的使命,转化为我们选择在项目中扮演的角色。

在这一层次上,我们可以问以下这些问题:

我是谁?我是什么样的人?我的人生目标显示出我是谁?我的选择能体现出我想成为什么样的人吗?在这个项目中,我想成为什么样的人?当我接手这个项目时,我将成为什么样的人?

如果你的人生目标是弹吉他,"作为吉他手,你希望成为什么样的人?"

价值观层面与我们的核心价值观有关。价值观是鲜活的概念,我们可以在身体上对其有所感知,也会在内心感受到某件事对我们而言的重要性。你的价值观塑造了你内心水晶般的人生目标。你一直秉持且践行的价值观是什么?

在价值观层面上,我们将项目与愿景、使命感以及内在对生活的重要性的问题联系起来。

当我们让自己与关键的价值观问题保持一致时,我们会问自己:

我为什么要这么做?为什么这是有价值的选择?为什么这个项目值得我付出时间和精力?我以此为生的价值是什么?我的心在说什么是可能的?考虑到什么对我来说是最重要的,这是我想要做出的关键价值选择吗?

例如,"为什么弹好吉他对你来说有价值?"

能力层面描述了你目前拥有的能力及你认为自己有能力完成的事情。这个层次指的是你的天赋、优势、技能及你可以在生活中使用并进一步发展项目的心理策略。这一层面解答的是能力培养的问题。我们会问自己:

我该怎么做?我可以采用什么策略?我该怎么处理呢?我有什么技能?我需要培养什么技能?

在这个层次上，你可以使用各种各样的思维地图、计划或策略，形成与项目核心价值相一致的具体替代方案。例如，"要想让你的吉他演奏能力发挥到最佳状态，最核心的技能是什么？"

行动层面侧重于你计划开展的具体行动，你在日常环境中的反应。不管你的能力水平如何，你的行动步骤体现的是你实际要做什么来完善你的项目。在这个层次上，你将探索并回答有关具体行动及其具体成果的问题。我们会问自己：

我在做什么？什么行动能让我得到我想要的？我需要采取哪些行动步骤？接下来我要做什么？

例如，"在你弹吉他的时候，你接下来需要做哪些练习？"

环境层面与所有行为或动作发生的物理环境有关。它回答的是基于时间的特定事件的问题，即它们何时发生及何时完成。我们会问自己：

我将在何时何地采取行动？何时何地取得成果？我什么时候在哪里做这件事？今天？下个月？明年？

例如，"你的吉他练习课安排在今天下午 4 点。"

"在金字塔顶端"的**愿景 / 精神层面**针对的是"愿景"这个概念，它来自我们生活的内部，不同于我们日常生活中对自己的关注。我们在人生中的愿景或项目愿景为整个人生设定了背景，就像中心之外的中心，雪花般晶莹剔透的生命意图的内核。有了愿景，我们就可以触及生而为人所必须面对的生命意图与意义的问题。这种最高层次的背景设定有时会将我们向上牵引，这样我们就能看到超越价值的价值，看到超越愿景的愿景。不断扩展的愿景可以很容易地升级和扩展整个逻辑层次金字塔的背景，因为它通常与以下问题有关：能惠及最多人的愿景是什么样的？有了这些，我又会成为谁呢？我还想为谁服务？这里有什么更大的愿景是重要的？这可能会带来这样的问题：还有什么原因，让它变得如此重要？你还能怎么得到它？然后愿景继续向外扩展。"还有"这个词把我们带到了更广阔的背景中。这在附录图 4.2 所示的愿景扩展沙漏的倒金字塔中有所展示。

> 逻辑层次为生命探索呈现出了具有普遍意义的、强有力的框架。它加速了我们的觉知，也极大地推动了我们探索自己的愿景与价值观。

当我们找到合适的背景地图时，我们需要经常检视自己的意图。逻辑层次框架，特别是在视觉上呈现为一组阶梯时，帮助我们将愿景时时印刻在脑海里。于是，我们可以在初始价值观形成的背景之下，制定精准且适当的行动步骤。

通过附录图 4.2，我们可以看到，这个"沙漏"式的展开逻辑，如何让我们"凭着直觉"找出最合适的"下一步"，不断地超越原有的认知。之所以会这样，是因为视觉化地图帮助我们建立起了相互关联的内在思维系统。

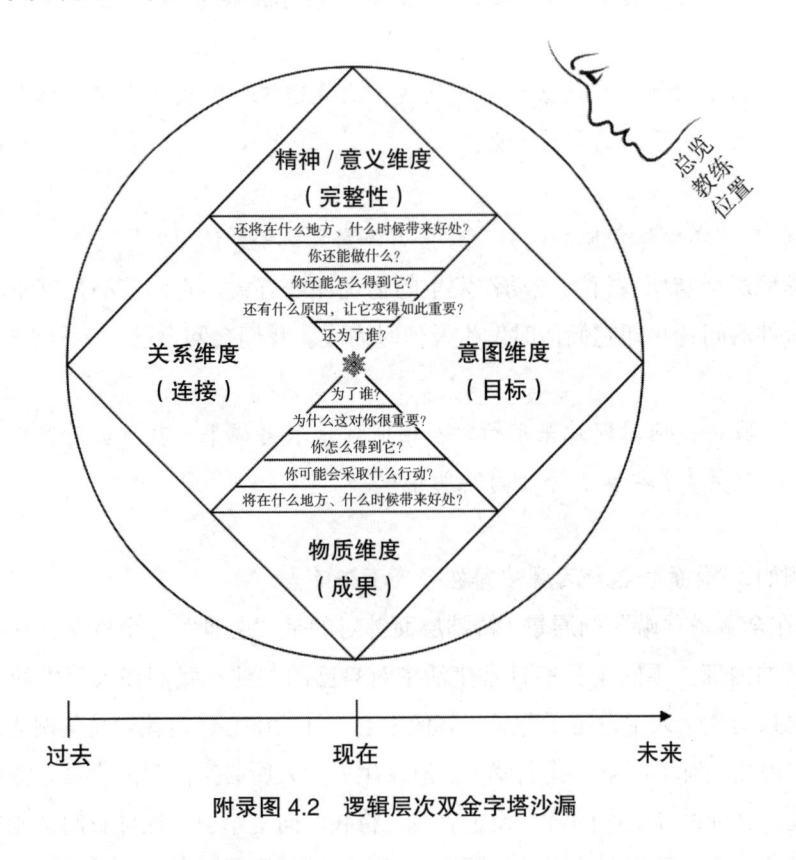

附录图 4.2 逻辑层次双金字塔沙漏

逻辑层次探索如何带来转化

逻辑层次为生命探索呈现出了具有普遍意义的、强有力的框架。它加速了我们的觉知，也极大地推动了我们探索自己的愿景与价值观。当我们以这种方

> 教练位置对我们的选择很重要。我们需要总览所有的选择。这一切看起来都像是意外的发现，然而我们寻找的往往就是我们真正找到的。

式发问时，逻辑层次具有转化力量的结构就会促使直觉为我们运作。它引领我们进入探索之中。于是，新的项目就会自然而然地展开。

我们通过承诺内在逻辑来启动内在逻辑的流动。我们通过要求更深层次的愿景—价值观联系的逻辑系统来进一步探索，从而进一步了解自己。当我们将这个"逻辑阶梯"作为向内发问的结构时，总会有一些有价值的事物显现出来。

当你致力寻找你最远大的目标和最有力量的愿景时，逻辑层次将助你开启更广阔的感知，将助你激发出内在的力量。当我们真正找到一个重要的愿景时，我们可以很容易地感受到内在的力量，感受到这一愿景与价值观之间的一致性。我们走出自己的恐惧。在你决定探索自己的生命意图之前，你的人生目标可能会被人曲解、驳斥，你也可能会遭遇彻底的失败。然而，有了以价值观为基础的愿景作为背景，你很明显会更倾向于创造更一致的现实，用你最强烈的意图创造你自己的人生。

教练位置对我们的选择很重要。我们需要总览所有的选择。这一切看起来都像是意外的发现，然而我们寻找的往往就是我们真正找到的。这一点，可以在癌症幸存者身上得到验证。当他们明确了自己的意图，看见痊愈的清晰愿景之后，他们身体中的肿瘤会突然缩小，然后消失。有趣的是，他们总是能描述出在病情缓解之前，有那么一个重要时刻，价值观与愿景在某个地方产生了连接。"缓解"（re-mission）就是"重新想起自己的使命"！我们承诺践行价值观的使命，然后我们的所有问题都会迎刃而解。在实现愿景的过程中，我们的使命显现了出来，我们的生活走上了一条有意义的道路。

附录5　成功练习

图式C"真正的"成功

经常开怀大笑；赢得智者的尊重，赢得孩子的喜爱；赢得谏言家的赞赏，忍受伪君子的背叛；在生活中发现美；发现别人的闪光点；让这个世界变得更好一点，无论是养育出一个健康的孩子、培育出一片繁茂的花园，还是让社会条件得到改善；知道哪怕只有一个生命因为你的存在而变得轻松。这就是成功。

——拉尔夫·瓦尔多·爱默生之《爱默生论成功》

平衡时间范围

什么是成功？爱默生的话引起了大多数人的共鸣。

成功练习的目标是，让人们在定义成功与日常生活的幸福的四个关键领域之间保持平衡。这样做的目的是，让人们每天都在这四个领域享受生活。

我们最初的启发来源于《哈佛商业评论》2004年2月刊中描述的个人万花筒策略。文章中所探讨的问题是持久获得成功的内在体验。哈佛大学的研究集中在四个领域。这与我们自己从短期到长期的内在发展的发现相似，如下所述。

我们的发现基于我们自己的探索，分别有：

A）聚焦于创造性目标并实现它们的能力。

B）为取得成果制订计划并实现目标的能力。

C）每时每刻与他人共同创造美好时光的能力。这意味着在欣赏自我的同时，我们同样欣赏他人的存在。这是创造闪光时刻的能力！

我们需要在这四个方面发展：敢于做梦，势在必得，享受成果，并创造让他人同样有所发展的长期愿景。我们将自己简单的创造之乐变成可以长期流传的精神财富。

D）为所有人共同的未来做出长期贡献的能力。

这四个方面的能力形成了一个多维矩阵。我们不能将这些能力划分为不同的项目。虽然它们涉及生命的整个跨度，从转瞬即逝的欢乐时光，到跨越代际的长期贡献，但实际上，它们是相互渗透、相互融合的。

这种跨越时间的平衡实际上是这种多面向方法的关键力量。力量与能量的体验以四种方式被增强。当你在这四个方面体验到平衡时，即使是在日常生活中，你也会感受到一种发自内心的平衡投入之流动。

为了每天都能真正感受到成功和幸福，我们需要适当地安排我们的日常生活。我们需要从一个领域转移到另一个领域，从上一个领域的体验中获得能量。我们需要知道自己什么时候在某个领域中投注了足够多的注意力，并准备好进入下一个领域。我们从一个领域出来时稍事休息，让自己重新聚焦于下一个领域，于是，在许多个发展阶段之间，我们可以发展出平衡与更新的更大框架。

随着时间的推移，我们在生命中逐渐积累了成功的体验与满足感。我们需要在这四个方面有所发展：敢于做梦；势在必得；享受成果；创造让他人同样有所发展的长期愿景。我们就此将自己简单的创造之乐变成可以长期流传的精神财富。

我们发现，每天关注成功四象限会让我们产生一种满足感。这意味着，在我们一天中的某些时候，我们需要避免在某个象限投注过多的注意力，从而可以在另一个象限中有所成长。当我们从一个象限自然切换到另一个象限时，平衡的感觉就会油然而生。

把成功视作一种图式C的"平衡系统"，以此来探索人生平衡的成功，对我们是很有帮助的。我们需要深入了解其中的关键领域，既要抽离地观察，又要投入地体验，这样我们就会了解，如何在外部构建现实的同时，创造内在的心流状态。接下来，我们就可以像演奏交响乐一样发展这些能力，以每天、每周、每月和每年的时间框架为基础完善我们的项目。

使用四象限的平衡形式，分别在每个象限中设计一个从1分到10分的发展度量尺是很有用的。这衡量的是我们当前的专注力水平和在每个象限中的能力水平。当我们注意到这些象限相互滋养时，我们可以加速发展自己的这四种能力。通过这种方式，我们能够迅速识别出需要更多关注的能力领域。当我们进一步把它们当作四条状态线，发展相应的技能，直至将其变成生活中的习惯时，我们可以在平衡与成功的四个关键领域中收获实际的案例，见附录图 5.1。

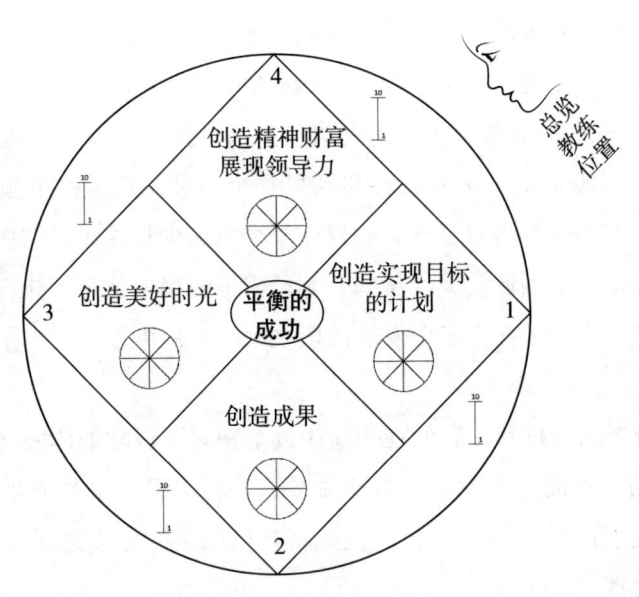

附录图 5.1　总览"真正"获得成功的四个方面

当你思考这四个关键领域的成功时，你可能会注意到自己在某些方面有"视野局限"，存在情感隔离的情况，或缺乏关注。这些都是值得好奇的地方。需要持续关注的关键领域可能是公司、家庭或个人层面的。

对理想的未来有所想象也是有帮助的。也许在几年之后，作为实践者的你，已经在生活中打造出一个成功、幸福和平衡的日常时间范围，看见你自己以一种自然的、整体的图式 C 方式拥有了这些技能。想象那些先前没有清晰定义或看见清晰远见的领域，现在已经变成你自己的一部分。这样的图式 C 练习会给你的生活带来什么？

成功练习

这个练习过程的步骤是什么？

1. 找一个伙伴一同练习，也可以自己进行这个练习。扪心自问：如何定义在商业、家庭与个人领域中的成功？
2. 你可以发问：

   · 成功的关键因素是什么？
   · 人生平衡的成功会是什么样的？
   · 对所有利益相关者来说，成功是什么样的？

3. 想象三年后的自己在所有相关领域取得平衡的成功。哪些关键因素出现在你的脑海里？它们是否是积极的、可控的？它们是否有益于所有人的未来，包括事业伙伴、家人和你自己？享受你的成功，并进一步发展它！
4. 你也可以回顾过去的成功经历。你可以问："我是如何在公司、事业与个人生活这些关键领域中取得成功，感受到幸福感的？"
5. 仔细思考可能的行动步骤。问问自己，要想继续获得学习与成长，获得相应的成就，你想从哪里开始。

现在，你可以把成功练习带入你的生活中。你如何增强它的力量并最大化地整合所有象限的力量？你如何帮助他人建立起平衡的成功？

附录 6 图式 D 与整体感知的数学

负面评价只能是语言上的

日复一日，在一次又一次的体验中，我们的语言和情感习惯重复旧有的图式，将图式一般化，并放大自身体验的结论。通过总览全局，我们看见自己千方百计地将信念和带着语音语调的结论变成了持续的"情感认同"。然而，只需要简单感知这些判断，都会让我们摆脱这些旧的情感认同。通过将旧情绪视作一个系统来观察，我们很快就能理解感知和评价究竟是如何运作的。

附录 6 的目的是培养你对图式 D 背后的数学原理的好奇心。使用图式 D 的图，你会注意到思维中消极力量与积极力量之间的抗衡。在日常生活中漫不经心的话语里，人们不假思索地将想象中的感知转化为评价。这些评价逐渐转变成了信念，而这些信念又形成了信念的惯性。当我们能对自己的评价过程有所观察时，比如通过形成一组针对评估的图式 D 问题，我们就可以扭转这种情况。这会让我们立即形成全局观，从而扩大积极的愿景，增强创意的力量。

随着人们把"成倍增加的评价"转变成习惯性的压力来源，人类的大多数"评价"逐渐形成了更大的、病毒式的负面语言系统。在当今的世界里，所有负面新闻都很容易在电视和互联网上被放大，这无疑是雪上加霜。负面信息就像语言的雪崩一样，增长迅速，变成感受、语言文字和大脑中自带情绪的表达。当人们学会用积极信息取代这些并进一步增强积极信息的力量时，人们就真正实现了自我支持的逆转。我们学会让身体安静下来，让自己活在内心的平静之中。

好消息是，只要真正了解感知是如何运作的，我们就可以将积极的意识构建成强大的"价值观雪崩"。四象限思维的四种图式可以帮助我们建立对视觉和语音语调的积极感知，这样我们就可以在日常生活中这样做。

感知的数学

看看代数的基本结构，它为探索感知的数学提供了一个很好的隐喻。由于人类思维本身的复杂性，人类的体验总是多重的。通过感知和评价，我们每时每刻都穿梭于多种思维系统之中。对于倍增的事物，我们的穿梭也随之倍增。我们会感受到扑面而来的感知，并放大自己的评价。这意味着简单的乘法数学原理对评价和感知的觉知都适用。

所有负面评价和所有正面感知之间的简单关系基于一个基本的数学差异，一个所有数学家都知道的差异。这个简单的数学规则，就是我们在小学数学里学过的正正得正、负负得正、正负得负，见附录图6.1。

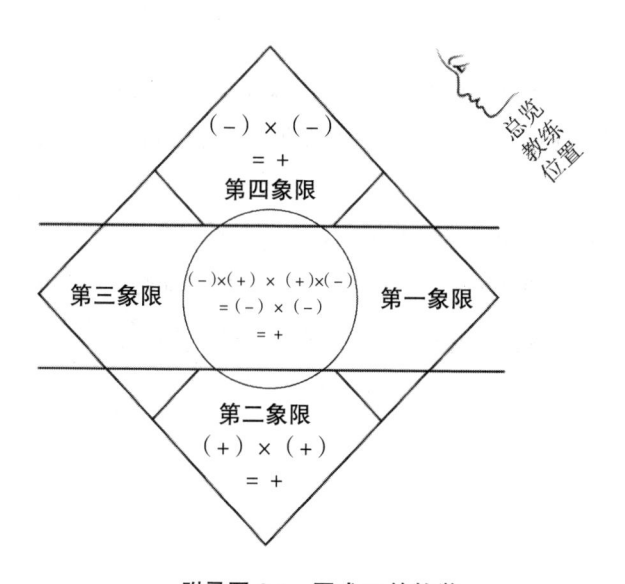

附录图6.1　图式D的数学

在附录图6.1中，你也会注意到，任何否定疑问句只有在单独提出来时才是否定的。正负得负。我们看到第三象限（−）×（+）＝−和第一象限（+）×（−）＝−，马上就会注意到它们都是一个负方程。

193

当所有元素被整合在一起作为一个整体来探索时，这个系统总是会恢复为正数。

然而，当我们把它们放在一起时，一切都变了：如果第三象限与第一象限相乘，我们必然会得到一个正的结果。这意味着，如果将所有四个问题放在一起处理，整个系统就会变成正的。这个基本代数公式显示了，当同时考虑所有问题时，图式 D 是如何发挥作用的。

总而言之，在图式 D 中，存在一个数学系统。当所有元素被整合在一起作为一个整体来探索时，这个系统总是会恢复为正数。所有的问题一起把我们带到正号（+）。第四象限，负负得正。第三象限的负乘正，乘上第一象限的正乘负，所得的结果也是正的。通过思维中的数学，我们可以创造一个从"底部"到"顶部"的价值观思考的"正号系统"，并将其融入时间框架中。我们现在可以采取多重视角，将这些价值观整合到我们的生活中。

四象限过程自然会将思维从消极转变为积极。如附录 7 所述，当我们将四个图式 D 问题作为一个关联系统探索时，我们会将所有元素转化成更大的积极思维系统。

图式 D 就是一个简单的整体系统，借助图式 C 的共振穿越过去的消极想法。我们创造了一个新的思维架构，可以消除过去的消极想法，进一步融合价值观和愿景。

你可以每天进行图式 D 练习（即使只是几个星期也会看到成效），特别是在那些形成负面的固有思维的领域中。这可以帮助你收回自己的能量，找回内心的平静。你可以在附录 7 中进一步探索"思维的数学"。

附录 7　图式 D 的进阶练习

问出平衡问题的四象限框架

本附录是为了进一步练习使用四象限，深入探索图式 D，希望用这个方法来练习打破和拆除任何"顽固的"、旧的消极信念系统。当运用四象限图式 D 的问题进行探索时，过于简化的因果结论通常可以很容易地从语言上分解。

除了诗歌以外，语言表达通常是线性的。有了图式 D，我们可以超越线性的语言表达，发现我们的自我觉知的深层"诗意"。

在大多数的语言表达中，你会马上注意到其暗含的目标是在过去、现在还是未来。你可以捕捉到书面或口头表达体现的思维方式。时间框架的差异决定了提问的三条关键路径：你可以让你的问题指向"过去"，打破过去的固有认知；你可以聚焦于当下的体验，发现"思维的层次"；你可以开始探索未来的成果。探索未来的成果让我们可以探究目标背后的意图与意义；换句话说，当我们在这三个时间框架内问深层次问题时，即问我们已经发展了什么、我们正在发展什么、我们还要发展什么时，我们就会感受到内在升起的觉知。我们注意到自己内在的宣告与请求，以及所需要采取的行动所处的层次。我们可以用图式 D 在任何逻辑层次上进行探索。

语言表达能够帮助我们重新思考和重新书写过去的"确定信息"、"事件"或信念，这是非常有趣的。你可以用图式 D 来分解过去的"现实"，并转化你曾经赋予过去的意义，从而让自己成功克服最大的困扰。人们通常会把自己困在过去的记忆里。然而，在大多数情况下，过去与我们当下的生活无关。毕竟，过去的已经过去了。

与之相对，问题为我们打开了通往未来的大门，可以成为我们非常宝贵的资源，帮助我们进行内在学习与心灵探索。问题培养了我们的能力，让我们在生活中找回强大的力量，做出"视觉宣告"。这些宣告成为我们生命发展的肌肉与骨骼。

一个人对生命发展的阻抗往往会让他的思维固化，而且会把这种思维奉为自己当前的"最高"逻辑。我们可以用更大的图式 D 逻辑系统拓展自己的思维，超越固化的想法。图式 D 的可视化图像让思维有了聚焦点，让我们可以保持教练位置，观察思维持续扩展而生发出新选择的过程。通过图式 D 的四象限练习，我们可以积极地创造这种思维拓展。

双象限"爆破"

两个相反的问题通常可以很快地拆解一个面向未来的困境，即使没有图式 D 的其他两个部分。困境中最难的部分通常是中间层的"我做"的问题，即以行动为导向的 $(-) \times (+)$ 和 $(+) \times (-)$。当我们同时把这两个问题问出来时，它们会形成强有力的问题组合。

在两个象限中成对的行动层面的问题，特别是如果问得恰到好处的话，能够让我们很好地应对小的恐惧。同样，你也可以用这些问题来转化你自己或他人的限制性信念。

有人会说："我一直在找工作，当我在面试中被人评头论足时，我总是会显得过于沉默。"从这个人的话语背后，你可以看到他的困境与限制性信念。你可以用双象限问题做出回应："这很有趣。在你的生活中，有没有什么时候，当你和可能会对你评头论足的人共处一室时，你没有那么沉默？"$(+) \times (-)$？接下来，你还可以问："有没有什么时候，当你没有跟会对你评头论足的人在一起时，你依旧非常沉默？"$(-) \times (+)$？这两个相互对应的问题可以推翻大脑中旧的假设。通过成对的反例，我们发现了可以挑战固有想法的双管齐下的方法。通过看到自己内在逻辑的整体性，这个人当场会推翻自己过去的假设！他让自己超越了过去的自我评判。他让自己待在教练位置上，开始重新审视自己的抱怨。然后你可以继续问他："那么，当你参加面试时，你希望自己有什么样的表现？"你已经将他的注意力放到他自己的愿景上，就此启动了他脑中新的语言图式。

请注意第一和第三象限，它们代表着水平方向的意图—评估领域。因为这两方面通常与积极行动联系在一起，因此它们是最容易考虑到的。这通常是人们"采取行动"的地方。在这里，人们会让自己受制于大多数消极的信念和过于简化的因果论断。我们会告诉自己："我做不到，因为……"

通过这两个相反的问题，很多人往往会很快放下过于简化的限制性信念。他们可能会被你的问题惹恼，但是，他们通常会幽默地回应你清晰的逻辑，然后再开始考虑大局。他们开始问自己想要如何前进。

试着用你自己的一些限制性信念来做"双象限爆破"的练习。你会发现你可以用这种方式来挑战自己。例如，你可能会说"下雨的时候我真的很难受"。你听到你内心的"痛苦制造者"说出了一种限制性信念。你可以针对这个小小的思维系统保持教练位置，然后问自己：

- 有没有什么时候，天一直在下雨，而我并没有感到难受？
- 有没有什么时候，天并没有下雨，但我依旧觉得难受？

情绪化的想法和内置的"思想漩涡"会让你深陷其中，从而发展出情绪化的自我认同。你已经找到一种直截了当地挑战这些想法的方法，这让你可以从自怨自艾的故事与状态中跳出来。

图式D练习：熟练掌握关键步骤

让我们回顾一下成功掌握图式D的练习步骤：

首先，在开始练习时，使用图式D系统中的四个问题进行练习，直到你对其感到熟悉。你可能会在对话中寻找限制性信念的线索。一旦你找到想要转化的限制性信念，你可以画出一个图式 D 图像，让四象限系统呈现出来，并在这个图像周围写下四个问题。通过这种方式，你训练自己提出关键的问题，并学会按照顺序将它们问出来。

当你带着问题画图和进行想象时，你会学到很多。当看见图式 D 的四象限系统呈现在你面前时，你将很快学会问出四个象限的问题。原则是从画图开始，你借助视觉图像了解自己的语言系统，并通过不同类型的问题，通过面向未来的问题或针对过去的信念的问题，继续遵循图式 D 的学习路径，直到熟练掌握。渐渐地，你会应用自如。

巧妙地设置图式 D 问题

首先，把你主要的注意力放在设置一个因果关系的语言表述上。将人们归因性的口头表述简化和缩短为 A 和 B 两个部分，并与对方确定。例如，你可能会问："你是说'A 会导致 B'还是'A 等同于 B'？"这样的问题会帮助你明确对方的表述，直到你得到对方的关于内心想法的有力陈述。

把 A 作为主语部分，放在开头，将 B 作为宾语部分，放在后面。对于你的问题原型来说，一个有用的规则是让句子中的主语更加抽象，让宾语更具体。例如，有人说："我必须拥有一个干净整洁的公寓，那样我才会感到开心。"你可以把"感到开心"作为 A，把"干净整洁的公寓"作为 B，组成完整的句子，然后将组合出来的四个句子放到图式 D 的框架中。

在你把问题问出来之前，你可以用四象限结构来检查你的句子组合，可以画在纸上或者在脑中想象。随着你越来越熟练，你可以将其缩减为双象限爆破的问题。你可以依照附录图 7.1 中的例子，遵循一般的句子组合方式，提出面向未来的问题。

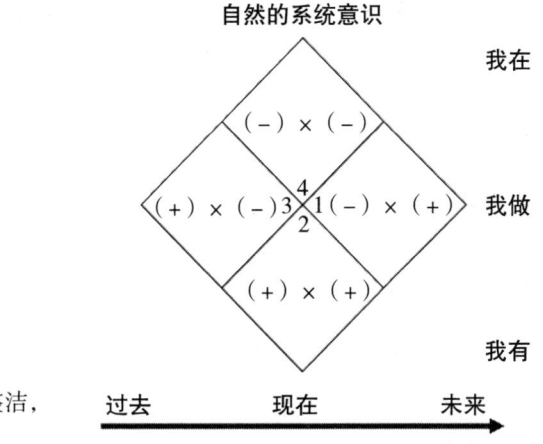

(1）如果公寓干净整洁，
(2）那会怎么样？

附录图 7.1　自然的系统意识

打乱时间框架

让我们用上面的例子来研究一个多时间框架的公式：

第二象限，定理，(+)×(+)：你真的认为只有当你的公寓干净整洁时，你才会快乐吗？（你所拥有的！）

第一象限，反例，(-)×(+)：即使你的公寓不干净，你仍然让自己感到快乐，会发生什么？（你所做的！）

第三象限，反转，(+)×(-)：有没有什么时候，你的公寓非常干净，但你仍然感到不开心？（你做过的！）

第四象限，镜像反转，(-)×(-)：如果"不干净意味着不快乐"的限制性信念从长远来看不值得依循……我指的是，不能让你感受到真正的快乐，那该怎么办？（真正的你！）

注意，在这个例子中，我们用了一个"打乱"了的时间框架，其中有些问题关注过去，有些问题关注现在，有些问题关注未来。这样的结构就创造出一个强有力且简单易上手的"信念探索系统"。

当与身处困境或持有限制性信念的人一同探索时，我建议遵循以下结构框架：

- 首先，不要在问不同问题之前进行讨论。在问不同问题之前暂停十秒钟，不要交谈。
- 邀请对方聆听并"看一看"一些选择。你可以说："我先问你四个问题。问完之后，再邀请你做出回应。"
- 如果对方开始回答一个问题，要求他暂时等一等。明确地跟对方说："花点时间，看看当我问出每个问题时，你脑海中会浮现出什么。在这之后，我们再进行讨论。"

之所以这样做，是因为带着情绪的信念，即使是最近才形成的，就像身份认同一样，同样会在大脑中与单一的情绪系统产生连接，形成我们的感知、评估与感受。要想解构这个信念，我们需要跳脱出来，看见全局。如果人们讨论其中任何一个面向，他们就会让自己深受所讨论的论调之害，也会让自己沦为脑中关于这个想法的语音语调的牺牲品。内在"命令式"的声音可能会让他们收起自己的好奇心。

图式D的小组和双人练习：找出有效性原则

如果你是和别人一起练习，可以同时尝试双象限爆破问题和所有四个问题。每种方法适用于不同场景。你将逐渐知道何时将图式D的四个问题简化为双象限爆破问题。

- 你可以和朋友结对练习，按顺序练习图式D的问题。你们中的一个人先开始。你可以把注意力主要集中在内在意义上。在这个过程中，你会发现越来越多你自己的内在现实。

- 和你的搭档一起学习如何用 A 和 B 两部分组合成句子。你自己的兴趣必然会推动你选出两部分陈述或问题。
- 可视化的图式 D 对整个过程非常重要，所以请在开始的时候画出图式 D 矩阵。你可能会发现在一开始提出好的问题是个挑战，而四象限框架将会帮助你提出好问题。
- 有了四象限图的帮助，你可能会发现你问问题时头脑更清晰了。使用视觉图来定位，特别是当你在面对一个给你自己或他人带来困扰的话题时。在你继续前进的过程中，四象限图会让你能保持教练位置。

用图式 D 进行教练对话

- 确保花足够多的时间打造你的双重复句问题的结构。面对所有的困境，你需要仔细地组合你的定理陈述，即公式中的"正号 × 正号"的部分。你可以通过简短的对话，认真仔细地组合句子的成分。句子的两个部分需要以简单、合乎逻辑的形式体现出个人的困境或问题。
- 不断练习打造合适的问题，直到你深刻理解其中的原理。一般来说（但不总是如此），动词先于名词；换句话说，我们先探索过程，再探索内容。尝试以较为抽象的部分作为第一部分，将较为具体的部分作为第二部分，形成能表达出想法的句子。
- 一般来说，"更高"逻辑层次的问题可以用来爆破"更低"逻辑层次的案例，见附录 4。
- 与对方合作。你们对自己内在的想法非常感兴趣。看看你们是否都同意这个定理问题是对探索的有效总结。
- 开始时，确保你的问题是积极的表述。记住这四个部分的框架，在脑海中思考另外三个带负号的问题如何表述。思考它们是否说得通并符合所有选项的可能性。
- 你问问题时的语音语调很重要。问这四个问题时保持中立，但可以在问每个问题时用不同的语音语调来强调,以表明不同问题的意义!把语音语调的重点放在关键的正负号的区别上,即句子中的"能"或"不能"。你的语音语调也会让对方感受到,每个问题也确实值得他全神贯注地思考。

为了有效地学习你自己的内在主题,我建议你先从聚焦未来的方式开始你的练习,因为事关未来的重要性确实会让你感受到发展的价值。记住,重要性是帮助我们发展出强有力的愿景,从而增强当下觉知的关键框架。正如我们在第一辑中所探讨的,未来总是至关重要的。

试着从一个简单的例子开始,提出一个对你自己或你的客户而言重要的问题。比如说:"如果我接受这份工作会怎么样?如果我不接受这份工作会怎么样?如果我接受这份工作,不会发生什么?如果我不接受这份工作,不会发生什么?"在你的脑海中,你看着相应的四象限图,根据自己的节奏,开始你的练习。

另一个提高技巧的方法是选择不同逻辑层次的问题。练习使用四个主要层次的开放式问题是非常有帮助的:谁?为什么?如何?什么?你可以在每个层次上发展出一组四个问题。例如,你可以用如下方式来问出这一组问题中的第一个问题:

- 如果我接受这份工作,我将成为什么样的人?
- 为什么接受这份工作很重要?
- 如果我接受了这份工作,我将如何晋升?
- 如果我接受了这份工作,会发生什么?

"如果……那会怎么样?"这一类问题特别有用。

提升难度的配对练习

在你掌握了基础之后,你就可以开始探索一些更复杂的句子结构,让自己真正掌握图式 D。下图展示了更复杂的语言模式的大杂烩，这些语言模式将肯定和否定因素结合在一起，这样你就能真正帮助对方超越不同类型的内在阻抗。请注意将肯定与否定放在一起，并加上反问句的做法。下图展示了一个分层次的提问形式，你也可以尝试。

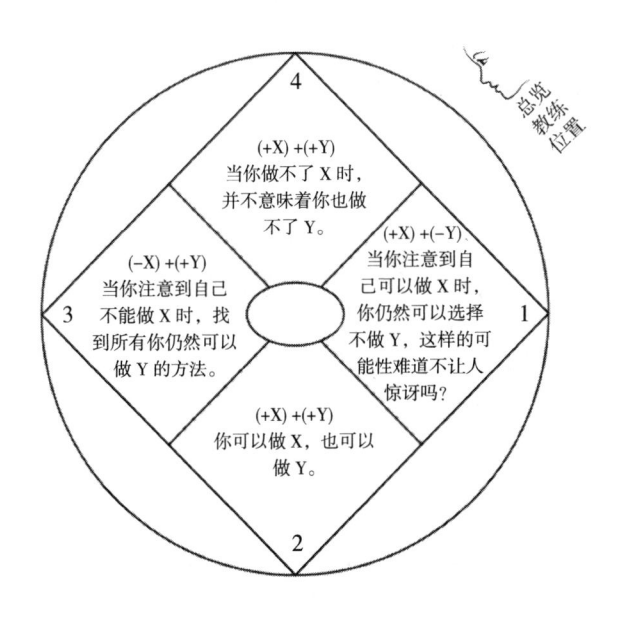

附录图 7.2　复杂的图式 D 问题

反义疑问句

反义疑问句，比如"难道不会吗？""不是这样吗？""难道你做不到吗？""我们难道没做过吗？"会帮助人们停下来，更深入地审视一个想法。反义疑问句会暂时中止大脑中各种非此即彼的、因果关系的表述。你注意到了吗？练习不同问题的不同问法会让你更轻松地掌握这些混杂在一起的语言图式。

你可以用反义疑问句来设计语气强烈的疑问句，以终止消极的内在对话，因为它们搅动了旧的语言漩涡中的消极情绪，让你心神不宁。你在用问题提出挑战的同时也带来了惊喜。反义疑问句是一种意料之外的中断，不是吗？不妨开始在合适的时机使用它们，好吗？

附录图 7.3 展示的是如何同时应用面向过去与未来的问题。

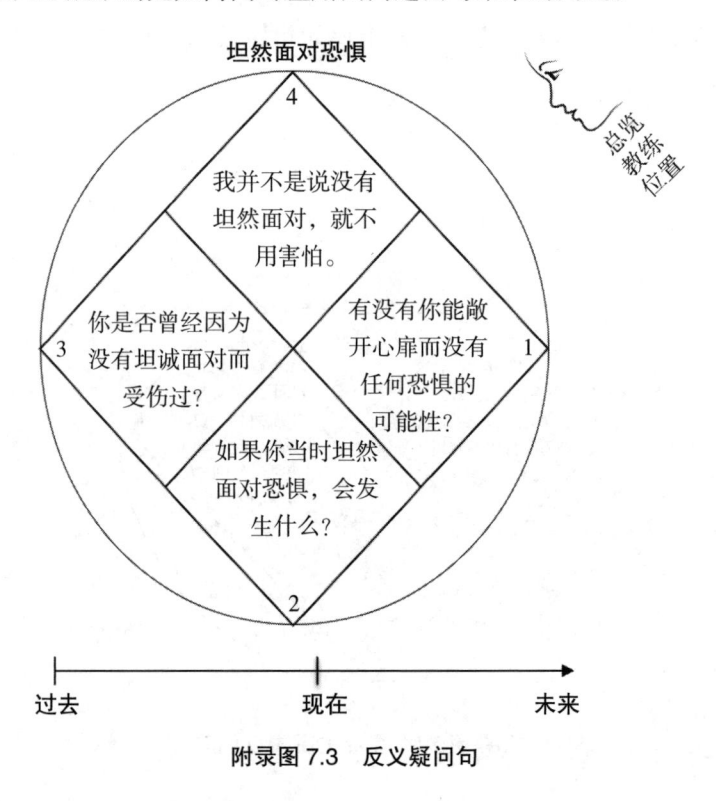

坦然面对恐惧

4. 我并不是说没有坦然面对，就不用害怕。
3. 你是否曾经因为没有坦诚面对而受伤过？
1. 有没有你能敞开心扉而没有任何恐惧的可能性？
2. 如果你当时坦然面对恐惧，会发生什么？

总览教练位置

过去　　现在　　未来

附录图 7.3　反义疑问句

互相练习，应对困境

再次强调，在最开始，客户与教练反复练习通常是有用的，特别是在教练能找到所有强大的限制性信念的情况下。

作为教练，保持教练位置，抑制住想要与对方成为"朋友"的冲动，也不要赞同对方表现出来的任何恐惧或提出的假设。明确你此时是什么样的角色。

作为客户，现在正是找出由来已久的限制性信念的时候，而那些非此即彼的因果推论往往会阻碍你前进的步伐。你也可以审视任何给你带来恐惧的想法。

看看图式 D 问题如何能帮助你更全面地理解所有过去形成的思维惯性。用图式 D 的问题系统来检验你的基本生活假设。即使只是在口头上问出问题，你都会有所发现。

在你尝试问出几个关键问题并了解这个流程之后，你会发现应对那些你曾经认为是正确的，同时也给你带来最多限制的（或让你感到愤世嫉俗）的因果表述是很有趣的。如果可以的话，分析这些想法的内在结构，并与你的同伴分享。

要找到"带来困境的限制性信念"，就要探索并使用"最糟糕的信念之轮"，或者想想你生活中的四个关键领域，尤其要考虑人际关系、身体素质、创造力、对未来的关注，以及在你的人生中能带来平衡与灵活性、帮助你实现长期发展的持续培养的能力。找到那些与你最大的渴望背道而驰的想法，特别是那些你无意识地拥护的信念。如果你把它们找出来，你自己也会大吃一惊的。数量可能还不少。

作为教练，用提问的艺术来增强你用图式 D 提问的技巧。应用 10 分制度量尺，从 1 分到 10 分，逐步提升你提问的艺术。每次练习时都标记出你想要达到的下一个能力层级。用不同的逻辑层次问题及图式 D 的笛卡尔反例，重新审视那些根深蒂固的限制性信念。

作为教练，要尽可能明确地表达。为每个两难困境打造一个句子结构及令人信服的"总结句"，抓住客户的主要信念。把句子写在纸上，和客户一起填到四象限结构中。

作为教练，在开始之前，要在纸上标记出定理、反例、反转和镜像反转。

- 按照你觉得合适的顺序问问题，通常是从下到上的顺序。
- 在练习的过程中，时刻注意保持正确的顺序。
- 如果感到不确定，首先重复这个定理以澄清问题，然后从第一象限开始提问。
- 专注于你的意图，为你的客户带来一次有价值的探索，用魔法师放松、好奇、开放、中立的语音语调。

- 当你问出一个又一个问题的时候，确保对方能看到图式 D 的图像，因为可视化会给探索带来许多力量。当他们思考每个象限的问题时，你可以拿起笔指向每个象限。

探究输赢悖论的公式

"进退两难"是评估"沼泽"的一个很好的例子；换句话说，我们谈论的是脑中越来越多的内在评估。消极的想法本身就会让大脑停滞，因为相关评论会不断累加。思维的流动在评估的沼泽之中也会停滞下来，因为思维已深陷语音语调形成的情绪沼泽之中。人们会在内心做出各种激烈的负面评估，然后进一步累加，一次又一次地让自己陷在沼泽中喝"脏水"。

通过将整个系统视为一个系统并将四个互补面向可视化，我们在帮助客户获得视野更广阔的全局观，可以让客户将优势与劣势尽收眼底。有了这样一个积极正向的整体系统，我们可以消解每个领域中消极的意识焦点，用好奇心取而代之。于是，因为思维可视化，对方可以让自己放松下来，注意到除了这些过去的评判外，还有什么才是真正重要的。你可以帮助对方建立系统的衡量标准，从而帮助他摆脱思维困境。

解开自相矛盾的信念逻辑

让我们来看看几个自相矛盾的负面信念逻辑的例子及如何应对时间框架的变化。通过找出那些非此即彼的时间框架内的悖论，你可以挑战对方，让他建立起新的觉知空间。

思考这样一个因果推论，一个著名的"赢与输"的表述："如果我的竞争对手得到更多的客户，那么我的客户就会变少。"（见附录图 7.4。）注意，这是一个非常普遍的想法。如果这样的思维图式限制了你，那么你可以通过这个四象限系统来重新审视它们，从容且迅速地消解这个非此即彼的限制性信念。

让我们用四象限方法来探索这个信念。我们将通过划分层次和混合组合的方式来拆解其中非此即彼的结构。这带来了一系列复杂的、不同层次的问题，让人们超越消极的表述。通过在每一个非此即彼的时间框架中找出隐含的矛盾，你可以让对方对他面临的挑战有一个更全面的认识。

我们可以从第四象限开始提问："当你担心你的竞争对手可能获得更多（＋）客户时，找一些方法不让自己的客户变少（－），难道不是你想要的吗？"

第二象限（分层肯定）："有没有可能你的竞争对手可以得到更多的客户（＋），你也可以得到更多客户（＋）？"

第三象限（分层否定）："有没有出现过这样的情况，你的竞争对手没有得到更多客户（－），而你的客户却依旧变少了（＋）？"

第一象限（多层否定）："你不是说，如果你的竞争对手的客户变少（－），你就不能得到更多客户（－）吗？"

矛盾的因果关系，非此即彼的模型假设：
- 如果我的竞争对手得到更多的客户，那么我的客户就会变少。
- 如果我的对手赢了，那就意味着我输了。

例句
如果我的竞争对手得到更多的客户，那么我的客户就会变少。

图式 D：输与赢的竞争模型

条件：
（a）＝竞争对手得到更多的客户
（b）＝你得到更多的客户

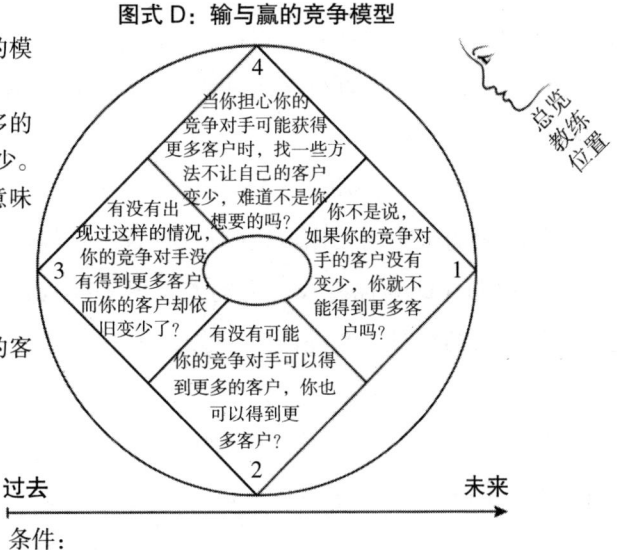

附录图 7.4　输／赢的竞争模型

207

作为一个教练，关键是打造出一个强有力的、能够总结客户当前想法的句子。这样的句子往往会帮助客户发现逻辑上的反例。

精通提问技巧

我们如何让自己实现精通？对于你来说，作为一个教练，关键是打造出一个强有力的、能够总结客户当前想法的句子。这样的句子往往会帮助客户发现逻辑上的反例。我曾经听到一个女性朋友说过一句非常可怕的话："男人觉得我没有吸引力，所以我永远无法拥有一段真正的感情。"她同意围绕这个想法跟我进行一番探索。

让我再跟你重述这个流程的具体步骤。首先，把句子分成两部分，抽象的那一部分放在前面，而细节部分，即你可以想象到的部分，放在句子的后面。"因为男人觉得我没有吸引力，所以我永远无法拥有一段真正的感情。"A 是"男人觉得我很有吸引力"，B 是"拥有一段真正的感情"。

一旦你有了清晰的"A+B"的陈述，作为教练的你，就可以开始打造你的四象限问题，帮助客户探索信念背后的悖论。快速地问出这四个问题，中间不要有任何迟疑，也不要进行任何对话。用轻松而带有深意的语音语调提问，清晰地提出每一个问题。

请注意，在这个案例中，教练可能想要从第一象限开始，引发客户的兴趣。第一象限是面向未来的。你可以问："是否有这样的可能性，你愿意跟一个不像你希望的那样认为你有吸引力的人发展一段真正的感情？"请注意，我在这里用了灵活的措辞，与此同时，也依旧遵循了第一象限中（+）×（−）的提问方式。

观察对方对你的问题所做出的回应，根据对方的反应做出调整。不管怎样，你都要坚持问完这四个象限的问题，不论其中是否有哪个问题让对方有所触动。让客户和你一起"思考"一会儿。在你问完这些问题之前，暂且把脑中的评判、意见和想要"澄清"的想法放在一边。如果需要的话，重新组合示例的句子（或重新组句），并重来一遍。有时候，如果有人在过程中对此有评论或意见，用稍微不同的措辞再重复一遍是很有帮助的，同时要确保自己问完四个象限的问题。

注意，在这个例子中，我们既问了面向过去的问题，也问了面向未来的问题。与此同时，我们既会问封闭式问题，也会问开放式问题。我们偶尔也会用反义疑问句，这会让对方产生意料之外的想法。我们用中立的语音语调问出这些问题，同时为每个问题加上不同的强调语气。所有这些因素都能帮助客户进行更深入的思考，从而找到真正重要的问题，帮助对方超越基于恐惧的、一直在干扰对方做出积极选择的因果论断。

请注意，这一系列问题，甚至用开玩笑的方式问出来，都能有力地动摇限制性信念的逻辑，让人们发现更多可能性。第四象限的图式D问题双重否定，有时看起来让人百思不得其解，但双重否定的逻辑是非常有力量的，能让我们超越任何基于恐惧形成的论断。

语音语调的挑战

如何用语音语调来帮助你系统地摆脱困境？当一个人处在困境中时，他通常会用强烈的消极语气对自己说些什么。只要你用一种中立而又意味深长的幽默语气，或放松的语气，围绕着图式D的四象限图问出各种各样的问题，对方就会发现自己更容易去到教练位置上，观察自己过去形成的限制性信念。

你可以融合面向过去和面向未来的问题，也可以把肯定句和否定句结合在一起使用，加上反义疑问句，特别是简短的反问，比如"不是这样吗？"，让自己享受用轻松而又中立的语音语调问出问题的过程。请注意，一些语音语调的加入，特别是幽默的语音语调，更容易撼动对方的限制性信念。

当我们在每个问题的结尾加上平衡的表述和反义疑问句时，我们就在思维中创造了强有力的意识旋风，人们就会超越他们内在的困惑。四个图式D问题加上正负平衡的问题，会让整个系统完成探索与发展。在意识到更为广阔的时间框架的整体之后，曾经让人紧张焦虑的困境也随即消失，人们可以放松下来，继续前进。

用图式 D 进行教练对话

让我们再回顾一下整个步骤。作为一名教练，你要轮流问出四个反例问题，同时你要拿着你的四象限图，这样你的客户才能看到它。在这个过程中，务必让自己保持放松，并在客户在这全新的思考背景下感知自己的选择时，保持对客户的好奇。与此同时，通过偶尔在纸上指出四象限图的方位，你就在帮助客户进入图式 D 的教练位置，从而帮助其摆脱大脑中旧有的论断，获得更为广阔的全局视野。

问出每个问题时，关注客户的面部表情和语音语调的变化。当你注意到客户表现出恐惧或紧张的生理反应时，请放慢语速。关注对方的变化，比如呼吸放缓、眉毛扬起及其他陷入沉思的迹象。当一个人从原有的信念系统中"退一步"，转而总览全局并开始感到好奇时，他就会发现内在的"发现系统"。记录下这个人真正带着好奇心进入探索的开放空间的时刻。你可能会注意到这个人开始反思并喃喃自语："那么，我真正想要的是什么？"这一刻才是关键！

一旦各种基于情绪的负面论断被消解，人们总是会发现自己真正想要的是什么。你为你的客户提供了一个反思的开放空间。你会注意到这些变化。

没有了"恐惧带来的困扰"，我们所有人都可以再次从"内在觉知"更大的视角来进行优先级排序。只要保持教练位置，我们就能让自己的思维实现转化。当我们能够在抽离与投入的视角中保持平衡时，觉知就会得到发展。当我们由内而外和由外而内地观察我们的想法时，我们都会知道，什么对我们来说是真实的！

图式 D 中的"互补"是什么意思

当我们用图式 D 问题进行探索时，我们会发现互补关系。互补通常有两方面的特质：

1. 两者缺一不可；

2. 你不能同时拥有这两者。

当我们同时注意到一个想法的所有互补关系时，我们就可以有意识地获得学习与成长，实现进一步的思维转化。

我们通常需要去到教练位置上，才能观察互补的悖论。这就意味着，"从外向内"观察互补关系自然是这一更广阔视角的关键。我们超越了对自身"身份认同"的视角，进入更大的视野中。霎时间，更小的"面向"就像一颗钻石的某一个截面一样，让我们的整个系统显得更加美妙。有了这样一个思维框架，我们可以以发展的眼光看待我们自己的生活，看待全人类的生活。我们开始更全面地思考。

注　释

1.（正文第 15 页）"外在的旅程"是埃里克森国际教练学院经典课程"教练的艺术与科学"第一模块的主题（www.erickson.edu），其中涉及用多种图式 A 模型来帮助学员实现教练技能的精通。

2.（正文第 29 页）可见于《唤醒沉睡的天才：教练的内在动力》一书。

3.（正文第 44 页）形态发生指的是"形式的起源"。我们参考了生物学家鲁珀特·谢尔德雷克（Rupert Sheldrake）的研究。自 1985 年以来，他一直在研究动物的新发育能力的起源。有了这些能力，动物有了更高超的技能表现。参见《狗狗知道你要回家？探索不可思议的动物感知能力》一书。还要探索表观遗传学这门新科学，它研究的是基因的核苷酸序列不发生改变的情况下，基因表达的可遗传的变化。（可参见维基百科，获取这一学科发展中的最新信息。）

4.（正文第 55 页）经典课程"教练的艺术与科学"在大约 40 个国家和 70 个城市教授。具体信息见 www.erickson.edu。

5.（正文第 55 页）平衡的四叶草是在"教练的艺术与科学"模块 3 中使用的工具（www.erickson.edu）。利用这个模型，学习者可以通过简单的练习形成稳定的对核心价值观的觉知。

6.（正文第 57 页）参见附录 4：思维的逻辑层次。

7.（正文第 70 页）勒内·笛卡尔用一对有序的数字来指定平面上的每一个点。例如，代数符号（x,y）可以是（x）和（y）。当 x 为正或负时，数学函数的有效域可以被检验；同样，当 y 为正或负时也可以被检验。通过类比，我们可以将两个名词连接成一个有序的对，并检验四象限数学公式的有效性范围。

8.（正文第 71 页）现实性检验：也可以用另一种方法来检验"过去发生过的"问题。例如：(a)"是否曾经经历过……"；(b) 保留了开放式的探索和贯穿四种提问格式的案例。

9.（正文第 77 页）我们这里说的条件句既有前置动词，也有后置动词。条件句的形式是"如果 A……，那么 B 就会……"。由于超出了本书的讨论范围，我们用一个乘法符号表示条件的加成。同样，对于名词，我们再次研究（a）和（b）分别为正和负的四种组合的域效度。

10.（正文第78页）正如奥地利数学家、哲学家库尔特·哥德尔（Kurt Gödel）在1934年著名的数学证明中所揭示的那样，任何完整的数学系统都包含不能被证明正确或错误的自我参照陈述。我们有一个完整的数学系统，我们把这些表述看成是数学上的教练位置。有兴趣的读者可以继续了解数学家罗杰·彭罗斯爵士（Sir Roger Penrose）所提出的奇点定理及其证明。可见于他的书《皇帝新脑》和《通往实在之路》。

11.（正文第111页）困惑很容易被理解为不匹配的逻辑层次的"融合"，见附录4中关于问题的逻辑层次及其工作原理的完整描述。注意，在这种情况下，我们对自己的身份认同（我们对自己是谁的定义）位于自我意识的俄罗斯套娃金字塔的高处，因此它很容易扰乱"如何"或"做什么"的关键构成，并以这种方式造成困惑。

12.（正文第113页）神经可塑性可以被定义为大脑重建整个神经元区域的能力——基于人们建立和使用的思维系统来扩大不同的区域。

13.（正文第129页）这与第二章所述的四象限系统的法则三有关。

参考书目

Bateson, G., *Steps to an Ecology of Mind*（Ballantine, 1972）.

Bell, J.S. *Speakable and Unspeakable in Quantum Physics*. Cambridge: Cambridge University Press, 1987.

Bohm, David. *A new theory of the relationship of mind to matter*. Philosophical Psychology.

Bohm, David. *The Enfolding-Unfolding Universe*: *A Conversation with David Bohm*.

Capra, Fritjof. *The Tao of Physics*. New York: Bantam Books, 1976.

Chopra, Deepak. *Quantum Healing*: *Exploring the Frontiers of Mind/ Body Medicine*. New York: Bantam Books, 1990.

Clark, Ronald W. *Einstein, The Life and Times*. New York: Avon Books, 1971.

Dillard, Annie, *Pilgrim at Tinker Creek*（Harper Perennial, 1988）.

Dilts, Robert, *Roots of Neuro-Linguistic Programming*（Meta Publications, 1983）.

Einstein, Albert. Remarks to the essays appearing in this collected volume. In: *Albert Einstein*: *Philosopher – Physicist*. Tudor, New York: P.A. Schilpp, 1951.

Gleick, James. *Chaos*: *Making a New Science*. New York: Penguin Group, 1987.

Goswami, Amit. *The Self-Aware Universe*. New York: Putnam, 1993.

Hawking, Stephen. *A Brief History of Time*. New York: Bantam Publishing Co., 1988.

Pearce, Joseph Chilton, *Evolution's End*: *Claiming the Potential of Our Intelligence*（Harper San Francisco, 1992）.

Rosenberg, Marshall, *Nonviolent Communication - A Language of Life*（Puddle Dancer, 2003）.

Stapp, Henry P. *Whitehead, James, and quantum theory. Mind and Matter*.

Talbot, Michael. *Mysticism and the New Physics*. New York: Bantam Books,

1981.

Talbot, Michael. *Beyond The Quantum*. New York: Bantam Books, 1987.

Wilber, Ken. *Quantum Questions*. Boston: New Science Library, Shambala, 1984.

Wolf, Fred Alan. *Time Loops and Space Twists*. San Antonio. TX: Hierophant Publishing, 2013.

Wolinsky, Stephen. *Quantum Consciousness: The Guide to Experiencing Quantum Psychology.*

Zukav, Gary. *The Dancing Wu Li Masters: An Overview of the New Physics*. New York: Bantam Books, 1984; Norfolk, CT: Bramble Books, 1993.

埃里克森国际教练学院

埃里克森国际教练学院（以下简称"埃里克森学院"）创始于1980年，在全球45个国家、70多个城市开展培训和教练业务，是全球最大的国际化教练组织之一。埃里克森学院致力为全球各地的个人和组织提供专业的教练培训和人类发展课程，并为企业提供定制化的教练服务。

埃里克森学院于2007年进入中国。院长玛丽莲·阿特金森博士独创的"教练的艺术与科学"课程，是经国际教练联合会（ICF）认证的专业教练培训课程（ACTP），其课程整合了成果导向的思维、神经语言程序学（NLP）、米尔顿·埃里克森的催眠理论、认知理论和其他在人类发展与改变领域前沿的科学观点。

专有名词中英文对照

第一章

动态智能	dynamic intelligence
投入与抽离的教练位置	associated and dissociated coach position
思维图式 A、B、C、D	formats of thinking, A, B, C and D
抱持悖论	hold the paradox
个人的	personal
公共的	communal
包容的	inclusive
排他的	exclusive
创造性意识	creative awareness
自主意识	ownership thinking
边界意识	boundary thinking
整体意识	integral awareness
意图	purpose
灵活性	flexibility
平衡	balance
完整性	integrity
丰富性	salience
重要性	relevance
体验感	experience
共鸣感	resonance

第二章

广阔觉知之流动	flow of expanded awareness
欣赏	appreciation

第三章

成就者	achiever
自我发展	self-development
启发	inspiration
实施	implementation
价值观发展	value development
完成	completion
外在旅程	outside journey
意向	intentionality
整合	integration
觉悟	illumination
英雄之旅	Hero's Journey

第四章

精通	mastery
大师游戏	master game
涌现	emergence
收敛	convergence
发散	divergence
转化	transformation
我是	being
我做	doing

我有	having
内容	content
结构	structure
流程	process
形式	form
运作模式	patterns
范式	paradigm
流动	flow
真知	inner knowledge
引爆点	tipping points
形态发生	morphogenetic
形态场	form-field
发展式学习	developmental learning

第五章

整体性	wholeness
对称性	symmetry
四叶草流程	the four leaf clover process
逻辑层次	logical levels
教练位置	coach position
思维地图	diagram
个商	Me Q
群商	We Q
智商	IQ
情商	EQ
存在感	beingness
归属感	belongingness
感知位置	perceptual positions

219

第六章

矛盾思维	paradoxical thinking
超意识	beyond conscious
内在现实	inner reality
宣告式的	declarative
意义矩阵	meaning matrix
笛卡尔坐标系	Descartes proving system
现实性检验	reality testing

第七章

困境	quandary
程序性问题	procedural questions
内在对话	internal dialogue
倍增	multiply
多重视角	multiple perspectives

第八章

非局部的	non-local
整体的	holistic
多维的	multidimensional
内在之美	inner beauty
情感隔离惯性	dissociation habits
价值观定理	value theorems
主体	subject
客体	object
互补的	complimentary

量子并行　　　　　　　　　　quantum parallel

外部观察者　　　　　　　　　external observer

第九章

觉知的闪现　　　　　　　　　flashes of awareness

量子闪现　　　　　　　　　　quantum flashes

价值观—愿景　　　　　　　　value-visions

现成答案　　　　　　　　　　pat answer

受困反应　　　　　　　　　　gotcha response

整体性　　　　　　　　　　　wholeness

自然涌现的　　　　　　　　　emergent

自我发现　　　　　　　　　　self-discovery

第十章

真相之觉知　　　　　　　　　truth awareness

神性　　　　　　　　　　　　the Divine

小妖　　　　　　　　　　　　gremlins

内在进程　　　　　　　　　　inner process

意识进化　　　　　　　　　　the evolution of consciousness

溶解　　　　　　　　　　　　dissolution

俄罗斯套娃　　　　　　　　　Russian doll

全系统觉知　　　　　　　　　whole system awareness

完整性　　　　　　　　　　　integrity

创造性涌现　　　　　　　　　creative emergence

第十一章

混乱　　　　　　　　　　　　confusion

广阔无垠的	spacious
动态系统	dynamic system
内在平衡	inner balance
价值观之流动	flow of value
生命意图	purpose
扩展	expand
神经可塑性	neuroplasticity
价值观觉知	value awareness
可视化的	visualized
全息图	hologram
深度探索	depth probes

第十二章

具象化	embody
整体觉知	integrative awareness
多重感官生命	multi-sensory life
整体一致性	congruence
抱持悖论	hold the paradox
智力	intellect
觉知通道	awareness channels
感受	sensing
感觉	feeling
镜像神经元	mirror neurons
范式假设	paradigm presuppositions
线性思维	linear thinking

第十三章

因果	cause-effect
四象限伸展	four-quadrant strech
过于简化的	simplistic
全局观	overview

第十四章

智识之域	the field of knowledge
内在智慧 / 智识	inner knowledge
真知	true knowledge
工作记忆	working memory
意识	conscious mind
超意识	beyond consciousness

第十五章

吸引子	attractors
探索真相	truth exploration
同步性	synchronicity
良善	goodness
情境 / 背景	context

第十六章

垂直维度	vertical dimension
水平维度	horizontal dimension
意图	intention
注意力	attention

评估	evaluation
感知	perception

附录 2

构想	formulation
专注	concentration
动力	momentum

附录 7

视觉宣告	visual declarations
身份认同	identity
定理	theorem
反例	converse
反转	inverse
镜像反转	mirror image reverse
反义疑问句	tag questions